FORSCHUNGSBERICHTE DES LANDES NORDRHEIN-WESTFALEN

Nr. 1981

Herausgegeben im Auftrage des Ministerpräsidenten Heinz Kühn
von Staatssekretär Professor Dr. h. c. Dr. E. h. Leo Brandt

Prof. Dr. Otto Schmitz-DuMont
Dr. H. Fendel
Dr. Mahmud Hassanein
Dr. Horst Kasper
Dr. Helga Weissenfeld

Anorganisch-Chemisches Institut der Universität Bonn

Farbe und Konstitution anorganischer Feststoffe (Pigmente)

II. Über die Lichtabsorption des zweiwertigen Kupfers nach isomorphem Einbau in oxidische Wirtsgitter und in ternären und quarternären oxidischen Kupferverbindungen

Springer Fachmedien Wiesbaden GmbH 1969

ISBN 978-3-663-20005-5   ISBN 978-3-663-20356-8 (eBook)
DOI 10.1007/978-3-663-20356-8

Verlags-Nr. 011981

© 1969 by Springer Fachmedien Wiesbaden
Ursprünglich erschienen bei Westdeutscher Verlag GmbH, Köln un Opladen 1969.

Inhalt

1. Einleitung 5

2. Die Lichtabsorption des zweiwertigen Kupfers in oxidischen Kristallgittern 8

3. Die Lichtabsorption des Cu^{2+} in oktaedrischer Koordination 9
   a) Cu^{2+} in regulär oktaedrischer Koordination 9
   α) Das System MgO—CuO 9
   β) Farbe und Spektrum des Mischkristalles $Cu_xMg_{1-x}O$ 11
   b) Lichtabsorption des Cu^{2+} in Kristallgittern niedriger Symmetrie 15
   α) Die Lichtabsorption des Cu^{2+} in Ilmenitphasen 15
   β) Die Lichtabsorption des Cu^{2+} in Ortho-Silikaten und -Germanaten ... 18

4. Cu^{2+} in vierzähliger Koordination 21
   a) Cu^{2+} in tetraedrischer Koordination 21
   α) Die Lichtabsorption des Cu^{2+} nach Einbau in $MgCr_2O_4$ 22
   β) Die Lichtabsorption des Cu^{2+} nach Einbau in Zinkorthosilikat .. 22
   b) Die Lichtabsorption des coplanar tetrakoordinierten Cu^{2+} 24

5. Die Lichtabsorption des Cu^{2+} in Spinellen 26
   a) Die Lichtabsorption des Cu^{2+} in 2,3-Spinellen 28
   α) Aufweitung der Oktaederlücken 28
   β) Aufweitung der Tetraederlücken 29
   b) Die Lichtabsorption des Cu^{2+} in 2,4-Spinellen 31
   α) Aufweitung der Oktaederlücken durch Austausch von Ti^{4+} gegen Sn^{4+} 33
   β) Aufweitung der Tetraederlücken 34
   γ) Blockierung der Tetraederlücken vor dem isomorphen Einbau von Cu^{2+} 38

6. Lichtabsorption des hexakoordinierten Cu^{2+} in einem quarternären Oxid mit Schichtenstruktur 40
   a) Spektralphotometrische Untersuchung 40
   b) Effekt einer Gitteraufweitung auf die Lichtabsorption des Cu^{2+} im Gitter vom Typus des $CuAlInO_4$ 42

7. Die Lichtabsorption des Cu^{2+} im Kupferindiumoxid $Cu_2In_2O_5$ 42

8. Die Lichtabsorption des Cu^{2+} in anderen ternären Oxiden vom Typus des Kupferindiumoxids $Cu_2In_2O_5$ 45

9. Zusammenfassung 48

10. Experimentelle Angaben 48

11. Literaturverzeichnis 50

1. Einleitung

Das *zweiwertige Kupfer* (Cu^{2+}) hat eine d^9-Elektronenkonfiguration und besitzt dem entsprechend einen ^2D-Grundterm. In einem reguläroktaedrischen Felde (Symmetrie O_h) spaltet dieser Term zweifach in einen ^2E_g-Grundterm und einen höher liegenden $^2T_{2g}$-Term auf (Abb. 1d), so daß im Absorptionsspektrum des Cu^{2+} in reguläroktaedrischer Koordination nur eine Kristallfeldbande auftritt, die durch den Elektronen-

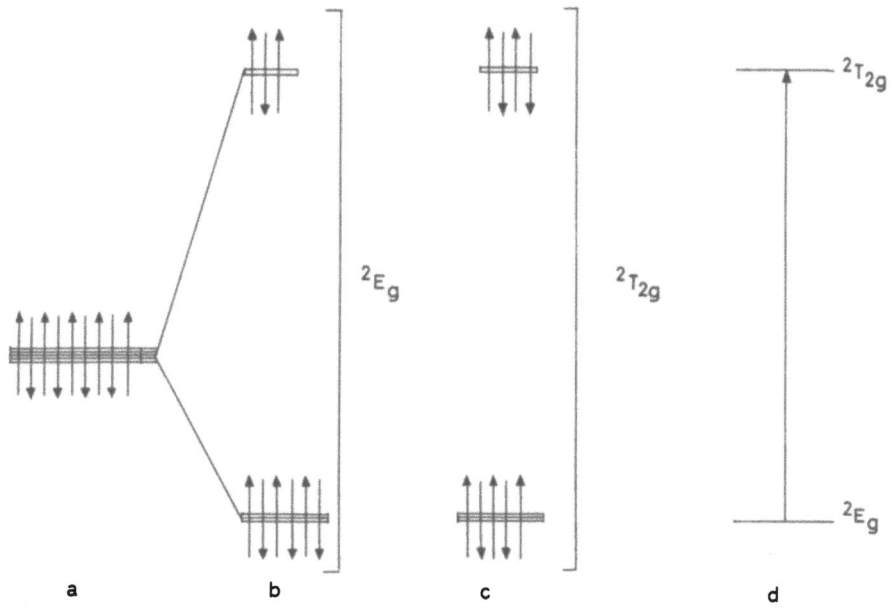

Abb. 1 Aufspaltung des 5fach entarteten D-Zustandes (a) im Oktaederfeld (b). Elektronenbesetzung des 3d-Niveaus von Cu^{2+} im feldfreien Raum (a) und der im Oktaederfeld resultierenden Niveaus (b). b entspricht dem Grundzustand (^2E_g) und c dem ersten angeregten Zustand ($^2T_{2g}$). d) Elektronenübergang zwischen den Zuständen b (^2E_g) und c ($^2T_{2g}$).

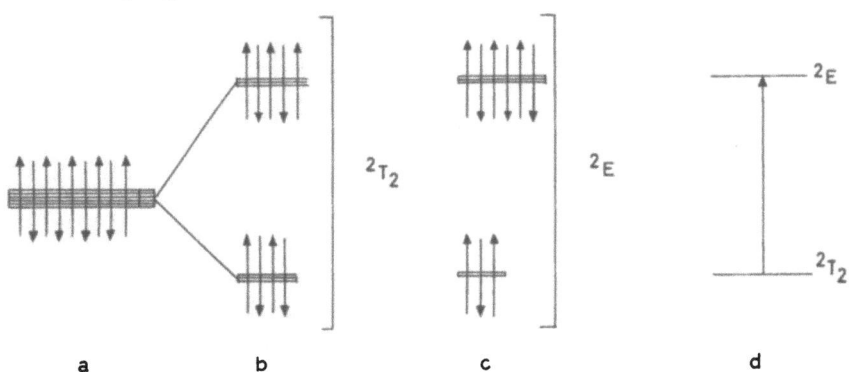

Abb. 2 Aufspaltung des 5fach entarteten D-Zustandes (a) im Tetraederfeld (b). Elektronenbesetzung des 3d-Niveaus von Cu^{2+} im feldfreien Raum (a) und der im Tetraederfeld resultierenden Niveaus (b). b entspricht dem Grundzustand ($^2T_2$) und c dem ersten angeregten Zustand (^2E). d) Elektronenübergang zwischen den Zuständen $^2T_2$ und ^2E.

übergang $^2E_g(d\varepsilon^6 d\gamma^3) \to {}^2T_{2g}(d\varepsilon^5 d\gamma^4)$ zustande kommt. Beim Übergang zur tetraedrischen Koordination erfolgt eine Terminversion, so daß jetzt ein $^2T_{2g}$-Grundterm vorliegt (Abb. 2). Die entsprechende Kristallfeldbande ist dem Elektronenübergang $^2T_{2g}(d\gamma^4 d\varepsilon^5) \to {}^2E_g(d\gamma^3 d\varepsilon^6)$ zuzuordnen. Für das Verständnis des optischen Verhaltens des Cu^{2+} ist zu berücksichtigen, daß es einem Jahn–Teller-Effekt unterliegt, der zu einer tetragonalen Verzerrung des Koordinationspolyeders führt. Diese Verzerrung bewirkt einen Energiegewinn bedingt durch eine Aufspaltung des ε- und γ-Niveaus. Bei oktaedrischer Koordination wird das tiefer liegende ε-Niveau in ein zweifach entartetes und ein einfaches Niveau aufgespalten (Abb. 3) und das höher liegende γ-Niveau in zwei einfache Niveaus. Bei tetraedrischer Koordination wird das jetzt höher liegende ε-Niveau und das tiefer liegende γ-Niveau ganz entsprechend aufgespalten (Abb. 4). Der erstere Fall entspricht einer Elongation des Koordinationsoktaeders (Abb. 3b), der zweite einer Stauchung des Koordinationstetraeders (Abb. 4b). Betrachtet man die Termschemata, so ergibt sich folgendes: Bei einer Elongation des Koordinationsoktaeders geht aus dem ^2E_g-Grundterm ein tiefer liegender $^2B_{1g}$-Grund-

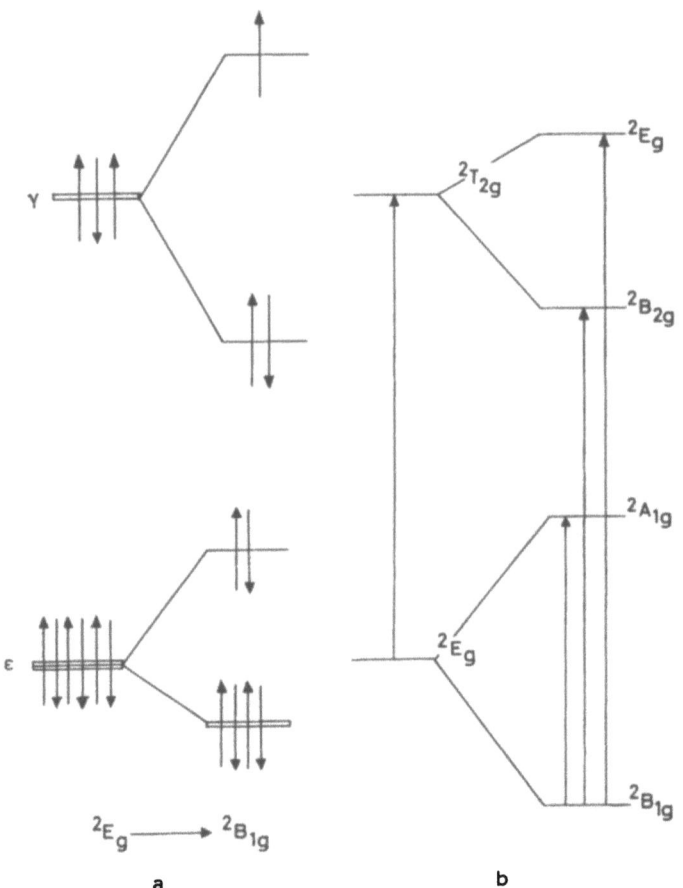

Abb. 3 a) Aufspaltung der beiden Niveaus (ε und γ) des Grundzustandes ^2E_g (Oktaederfeld) beim Übergang zur tetragonalen Feldsymmetrie (elongiertes Koordinationsoktaeder) in je zwei neue Niveaus entsprechend dem Grundzustand $^2B_{1g}$ mit den Elektronenbesetzungen der d^9-Konfiguration des Cu^{2+}.
b) Aufspaltung des Grundtermes ^2E_g und des 1. angeregten Termes $^2T_{2g}$ (Oktaederfeld) beim Übergang zum Felde tetragonaler Symmetrie [siehe unter a)] in je zwei neue Terme mit den erlaubten Elektronenübergängen.

term und ein höher liegender $^2A_{1g}$-Term hervor (Abb. 3b), während der im regulären Oktaederfeld vorhandene, dem ersten angeregten Zustand entsprechende $^2T_{2g}$-Term in einen tiefer liegenden $^2B_{2g}$- und einen höher liegenden ^2E_g-Term aufspaltet. Nunmehr treten im Absorptionsspektrum drei Kristallfeldbanden (I, II, III, Abb. 3b) auf. Beim Übergang vom regulären Koordinationstetraeder zu einem gestauchten ergibt sich das Aufspaltungsbild der Abb. 4. Auch in diesem Falle sind drei Kristallfeldbanden zu erwarten. Es war von vornherein anzunehmen, daß sich Cu^{2+} infolge des JAHN–TELLER-Effektes im Kristall- oder Komplexfeld anders verhalten würde als etwa Co^{2+} oder Ni^{2+}.

Im folgenden wird über eine systematische Untersuchung der Lichtabsorption des zweiwertigen Kupfers in den verschiedensten oxidischen Kristallgittern berichtet. Im Vordergrund standen die folgenden Fragestellungen:

1. Wie ändert sich das Absorptionsspektrum, wenn sich die Koordinationszahl ändert?
2. Welchen Einfluß hat eine Erniedrigung der Gittersymmetrie auf die Lichtabsorption?
3. Wie reagiert das Spektrum auf eine Gitterweitung, bewirkt durch den isomorphen Austausch gittereigener Kationen durch größere Kationen?

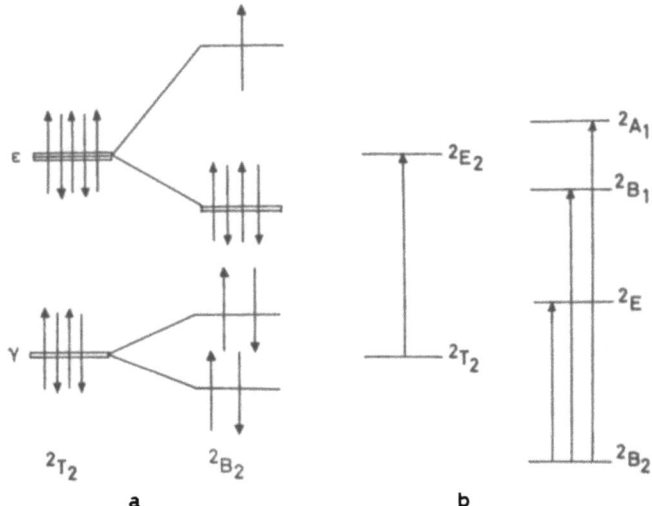

Abb. 4 a) Aufspaltung der beiden Niveaus (γ und ε) des Grundzustandes $^2T_2$ (Tetraederfeld) beim Übergang zur tetragonalen Feldsymmetrie (gestauchtes Tetraeder) in je zwei neue Niveaus entsprechend dem Grundzustand $^2B_2$ mit den Elektronenbesetzungen der d^9-Konfiguration des Cu^{2+}.

b) Aufspaltung des Grundtermes $^2T_2$ und des 1. angeregten Termes $^2E_2$ (Tetraederfeld) beim Übergang zur tetragonalen Feldsymmetrie [siehe unter a)] in je zwei neue Terme mit den erlaubten Elektronenübergängen.

2. Die Lichtabsorption des zweiwertigen Kupfers in oxidischen Kristallgittern

Zur Untersuchung der Lichtabsorption des Cu^{2+} in oxidischen Kristallgittern wurde es in passende Wirtsgitter isomorph eingebaut, und zwar derart, daß die erhaltenen Phasen Cu^{2+} entweder in *oktaedrischer*, *tetraedrischer* oder *planarer* vierzähliger Koordination enthielten. Für die Untersuchung in oktaedrischer Koordination wurden folgende Wirtsgitter verwendet (in ( ) die Cu-haltigen Systeme): $MgO(Cu_xMg_{1-x}O)$, $MgTiO_3$ $(Cu_xMg_{1-x}TiO_3)$, $CdTiO_3(Cu_xCd_{1-x}TiO_3)$, $MgCaSiO_4$ und $MgCaGeO_4$ $(Cu_xMg_{1-x}CaSiO_4$ bzw. $Cu_xMg_{1-x}CaGeO_4$; beides Monticellitstruktur), Mg_2SiO_4 und Mg_2GeO_4 ($Cu_xMg_{2-x}SiO_4$ bzw. $Cu_xMg_{2-x}GeO_4$; beides Forsteritstruktur).

Es wurden auch 2,3- und 2,4-Spinelle als Wirtsgitter verwendet. Da die Kationen im Spinellgitter sowohl Tetraeder- als auch Oktaederplätze einnehmen, besteht die Möglichkeit, daß sich das isomorph eingebaute Cu^{2+} auf beide Gitterplätze verteilt. Folgende Spinelle wurden als Wirtsgitter verwendet: $MgAl_2O_4$, $MgGa_2O_4$, $Cd_yZn_{1-y}Al_2O_4$ ($0 < y \leq 0.4$), Mg_2SnO_4, Mg_2TiO_4, $MgCd_yZn_{1-y}TiO_4$ ($y = 0$ bis $y = 0,6$). In diesen Spinellen wurde Mg^{2+} partiell gegen Cu^{2+} ausgetauscht.

Für das Studium der Lichtabsorption des *tetraedrisch* koordinierten Cu^{2+} wurde es in das Gitter des Willemits Zn_2SiO_4 an Stelle von Zn^{2+} und in das Gitter des Magnesiumchromspinelles $MgCr_2O_4$ an Stelle von Mg^{2+} eingebaut. Willemit besitzt die gleiche Struktur wie Phenakit Be_2SiO_4, worin sowohl Si^{4+} als auch Be^{2+} tetraedrisch von O^{2-} umgeben ist. $MgCr_2O_4$ ist ein kubisch kristallisierender Spinell, in welchem Cr^{3+} ausschließlich Oktaederlücken besetzt. Die Möglichkeit, daß beim partiellen Austausch von Mg^{2+} gegen Cu^{2+} ein teilweiser Ortswechsel der Cr^{3+} von Oktaeder- in Tetraederlücken erfolgt, ist auszuschließen, da Cr^{3+} mit seiner d^3-Elektronenkonfiguration wohl in Oktaeder-, aber nicht in Tetraederlücken hineinpaßt. Beim vollständigen Austausch von Mg^{2+} gegen Cu^{2+} ändert sich allerdings die Kristallsymmetrie. $CuCr_2O_4$ kristallisiert nicht kubisch, sondern tetragonal., während $Cu_{0,1}Mg_{0,9}Cr_2O_4$ wie $MgCr_2O_4$ noch kubisch kristallisiert.

Während es eine größere Anzahl von Komplexverbindungen des zweiwertigen Kupfers gibt, in denen Cu^{2+} von vier Ligandenatomen in planarer Anordnung umgeben ist, existiert bisher nur ein Kristalltypus, der Cu^{2+} in gleicher Koordinationsart enthält. Es sind dies Silikate, die sich vom Gillespit $BaFeSi_4O_{10}$ ableiten, der zu den Silikaten mit Schichtenstruktur gehört [1]. Das von vier O-Atomen in planarer Anordnung umgebene Fe^{2+} kann vollständig durch Cu^{2+} und Ba^{2+} durch die anderen Erdalkalimetallionen Ca^{2+} und Sr^{2+} ersetzt werden. Die Verbindung $CaCuSi_4O_{10}$ ist das schon lange bekannte Ägyptischblau, über dessen Lichtabsorption ebenfalls hier berichtet wird.

Schließlich wurde die Lichtabsorption der beiden neuartigen Kupferverbindungen $CuAlInO_4$ [2] und $Cu_2In_2O_5$ [3] untersucht. Die erstere Verbindung besitzt eine schichtenartige Struktur und die zweite ein Koordinationsgitter, in dem Cu^{2+} die Koordinationszahl $4 + 1 + 1$ also ein stark verzerrtes Koordinationsoktaeder besitzt.

Da die untersuchten Cu-haltigen Phasen ausnahmslos als kristalline Pulver vorlagen, mußte die Lichtabsorption in Remission untersucht werden. Die Remissionswerte wurden, wenn möglich, auf die entsprechenden Wirtsgitter als Weiß-Standard bezogen. Die Auswertung der so erhaltenen Remissionswerte R_{diff} geschah mit Hilfe der Funktion $\log (R_{diff}) = \log \frac{(1-R_{diff})^2}{2 R_{diff}}$.

Wird $\log (R_{diff})$ (Ordinate) gegen die Wellenzahl $\bar{\nu}$ (Abszisse) aufgetragen, resultiert die charakteristische Farbkurve.

3. Die Lichtabsorption des Cu^{2+} in oktaedrischer Koordination

a) Cu^{2+} in regulär oktaedrischer Koordination

Als Wirtsgitter wurde Magnesiumoxid verwendet. Die Mischkristalle $Cu_xMg_{1-x}O$ kristallisieren wie MgO selbst kubisch, sofern die Cu-Konzentration nicht zu groß ist (siehe unten).

α) *Das System* MgO—CuO

Das System MgO—CuO wurde bereits von Rigamonti [4] untersucht. Er fand, daß sich im MgO bei 900°C zwischen 25 und 28 Atom-% Mg durch Cu isomorph austauschen lassen und gibt die Farbe der erhaltenen Mischkristalle mit »grün« an. CHAPPLE und STONE [5] erhielten jedoch gelbe Mischkristalle. SCHMAHL, BARTHEL und EIKERLING [6] konnten im System MgO—CuO die Existenz einer o-rhombischen Phase der Zusammensetzung Cu_3MgO_4 nachweisen, die mit der von F. TROJER aufgefundenen Verbindung [7] identisch ist.

Eigene Versuchsergebnisse. Zur Herstellung der Mischkristalle wurde ein Gemisch von basischem Magnesiumcarbonat und basischem Kupfercarbonat in einer Kugelmühle naß vermahlen. Nach dem Trocknen (110°C) wurde die Mischung fein zerrieben und bei 800°C etwa 2 Stunden geglüht, wobei teilweise Reaktion unter Gelb- oder Grünfärbung erfolgte. Die zu Tabletten gepreßte Substanz erhitzte man im Sauerstoffstrom auf verschiedene Temperaturen (siehe Tab. 1) und ließ sie, aus dem heißen Ofen herausgenommen, an der Luft abkühlen. Zur Beendigung der Reaktion war ein Sintern bei 1000 bis 1100°C notwendig. Bei höheren Temperaturen besteht die Gefahr einer Abspaltung von Sauerstoff unter Abscheidung von Cu_2O. So zeigte die Guinier-Diffraktometeraufnahme einer auf 1250°C erhitzten Probe der Zusammensetzung $Cu_{0,2}Mg_{0,8}O$ sämtliche zwischen d = 3,02 und d = 1,07 Å liegenden Reflexe der Cu_2O-Phase. Nach dem Erhitzen auf 1580°C war die Intensität der Cu_2O-Reflexe merkbar schwächer; es traten dafür aber in verstärktem Maße Fremdreflexe auf.

Alle bei 1000 bis 1090°C gesinterten und abgeschreckten Substanzen mit $x \leq 0,2$ gaben Debyeogramme mit scharfen Reflexen und scharfer α_1-α_2-Aufspaltung der Linien höherer Ordnung bis herab zu d = 0,81 Å. Bei den Debyeogrammen von Substanzen mit $x = 0,3$ war die α_1-, α_2-Aufspaltung nicht mehr scharf, und es zeigten sich zusätzliche Reflexe, so daß keine einheitliche Phase mehr vorliegen konnte.

Die Gitterkonstanten der Mischkristalle steigen im Bereich von $x = 0$ bis $x = 0,2$ von 4,212 bis 4,219 Å an.

Um einen Anhaltspunkt über die Temperaturabhängigkeit der Mischkristallbildung zu erhalten, wurden die röntgenographisch einheitlichen Substanzen bei 600°C getempert (60–600 Stunden). Die Untersuchung mit Hilfe des Guinier-Diffraktometers hatte folgende Ergebnisse: Die Substanz mit $x = 0,2$ war bereits nach 60 Stunden schwarz, und nach 600 Stunden zeigten sich verbreiterte MgO-Reflexe neben breiten CuO- und einigen Fremdreflexen. Dagegen gaben zwei Substanzen mit $x = 0,1$ und eine andere mit $x = 0,05$ bis zu 600 Stunden getempert, keine Fremdreflexe und weder CuO- noch MgO-Reflexe. Eine Substanz mit $x = 0,2$ war nach dem Tempern bei 800°C (20 Stunden) infolge von CuO-Ausscheidung ebenfalls schwarz.

Tab. 1 Sinterdauer, Sintertemperatur, Farbe, optische Eigenschaften und Gitterkonstanten im System $Cu_xMg_{1-x}O$

x	Sinterdauer Stunden	Temperatur °C	Farbe	Polaris.-mikroskop. Befund	Gitterkonstante Å
0	2	840			
	143	1030			
	41	1070	weiß	isotrop	4,212 ± 0,001
0,01	16	830			
	43	940			
	60	1070	schmutzigweiß	isotrop	4,212 ± 0,001
0,025	80	900			
	80	1030			
	40	900			
	44	1090	gelblichweiß	isotrop	4,212 ± 0,001
0,05	8	830			
	30	930			
	60	1070	blaßgelb	isotrop	4,212 ± 0,001
0,075	80	900			
	80	1030			
	40	900			
	44	1090	gelb	isotrop	4,213 ± 0,001
0,10	12 + 24 + 48	840			
	60 + 83 + 40 + 41	1070	gelb	Spuren anisotroper Bezirke	4,215 ± 0,001
0,20	4 + 41	840	olivgrün		
	40	940	gelb		
	30	1000	gelb		
	40	1070	gelb	viele anisotrope Bezirke	4,219 ± 0,001

Die vorstehend wiedergegebenen röntgenographischen Ergebnisse zeigen, daß

1. ein Mischkristall mit $x = 0,3$ bei einem Sauerstoffdruck von 1 atm nicht dargestellt werden kann und daß sich
2. bei etwa 1000 °C 20 Mol-% CuO in MgO isomorph einbauen lassen. Dieser an CuO gesättigte Mischkristall zerfällt aber bei 800 °C unter Ausscheidung von CuO und bei 1250 °C unter Abscheidung von Cu_2O. Dagegen sind Mischkristalle mit $x \leqq 0,1$ bei 600 °C noch stabil. Alle Angaben gelten für einen O_2-Druck von 1 atm.

Die polarisationsmikroskopische Untersuchung aller Substanzen ergab, daß die Kriställchen der abgeschreckten und röntgenographisch einheitlichen Substanzen mit $x = 0,2$

und in geringerem Ausmaße auch mit $x = 0{,}1$ kleinste anisotrope Bezirke enthielten, während diejenigen mit $x = 0{,}075$ vollständig isotrop waren. Die Menge der polarisationsmikroskopisch festgestellten anisotropen Bezirke war offenbar zu gering, um sich röntgenographisch bemerkbar zu machen.

Nach dem Tempern bei 600°C verstärkte sich das Auftreten der anisotropen Bezirke bei Substanzen mit $x = 0{,}1$ und bei den vorher isotropen Substanzen mit $x = 0{,}075$ und $x = 0{,}05$. Dagegen blieben die Mischkristalle mit $x = 0{,}025$ und $x = 0{,}01$ isotrop. Die gleichen Effekte konnten, allerdings weniger deutlich, nach dem Erhitzen auf 300°C beobachtet werden.

Auf Grund der polarisationsmikroskopischen Untersuchung kann man mit Bestimmtheit sagen, daß die Mischkristalle $Cu_xMg_{1-x}O$ mit $x \leq 0{,}025$ auch bei 300°C stabil sind, während bei höheren Cu-Konzentrationen eine mit diesen zunehmende Tendenz zur Ausscheidung einer nichtkubischen Phase besteht. Vielleicht handelt es sich hierbei um die von SCHMAHL, BARTHEL und EIKERLING [6] beschriebene o-rhombisch kristallisierende Phase der Zusammensetzung Cu_3MgO_4.

β) Farbe und Spektrum der Mischkristalle $Cu_xMg_{1-x}O$

Die visuelle Farbe der Mischkristalle mit $x = 0{,}01$ waren schmutzigweiß, die mit $0{,}025 \leq x \leq 0{,}2$ gelb (Tab. 1). Grüne Substanzen wurden nur bei höheren Cu-Konzentrationen und niedrigeren Sintertemperaturen erhalten (Tab. 1). So zeigte ein bei 900°C entstandenes Reaktionsprodukt mit $x = 0{,}2$ eine olivgrüne Farbe, lieferte aber noch deutliche Röntgenreflexe von CuO neben anderen Fremdlinien. Wurde nachträglich bei 940°C gesintert, so resultierte ein gelbes Produkt. Ähnliche Verhältnisse ergaben sich bei der Substanz mit $x = 0{,}3$. Auch hier ließ das Debyeogramm des zunächst entstandenen grünen Produktes noch Reflexe des CuO und andere Fremdlinien erkennen. Es liegt somit der Verdacht nahe, daß die grüne Farbe der von RIGAMONTI erhaltenen Mischkristalle im System CuO/MgO durch unvollständige Reaktion bedingt war.

Das gegen MgO (bei 1000°C geglüht) als Weiß-Standard vermessene Remissionsspektrum des Mischkristalles $Cu_{0,075}Mg_{0,925}O$ besitzt im langwelligeren Spektralbereich zwei ausgeprägte Banden (Abb. 5, Kurve 3). Die niedrigere Bande I mit Maximum bei 5800 cm^{-1} weist im Bereich von 4500 bis 5000 cm^{-1} eine Schulter auf (vgl. Tab. 2), die bei den geringeren Cu-Konzentrationen ($x = 0{,}05$ und $0{,}025$) als freistehendes Maximum ausgebildet ist und bei der kleinsten Cu-Konzentration an Höhe das bei einer größeren Wellenzahl befindliche Maximum der Bande überragt. Aus dem Gang der relativen Intensitäten der beiden Maxima von Bande I schließen wir, daß die Schulter bzw. das sich hieraus bei sinkender Cu-Konzentration entwickelnde Maximum nicht zur Farbkurve des Cu^{2+} gehört, sondern durch die Natur des Weiß-Standards bedingt ist und dem entsprechend um so mehr zurücktritt, je höher die Cu-Konzentration ist.

Verwendet man bei niederen Temperaturen ($< 1000°C$) geglühtes MgO als Weiß-Standard, so enthält Bande I neben dem Hauptmaximum noch drei weitere Maxima geringer Intensität, die sicher nicht durch die Lichtabsorption des Cu^{2+} bedingt sind. D. REINEN fand, daß bei Verwendung von $Sr(Zn_{\frac{1}{2}}Te_{\frac{1}{2}})O_3$ als Weiß-Standard auch die Schulter in der Bande I verschwindet, so daß die Bande nunmehr vollkommen symmetrisch in Erscheinung tritt [8].

Die im Vergleich zu Bande I intensitätsstärkere Bande II befindet sich im Bereich von 11200 bis 12500 cm^{-1} (Tab. 2). Eine dritte Bande III (Abb. 6) besitzt bei niedrigen Cu-Konzentrationen ($0{,}01 \leq x \leq 0{,}05$) ein gut ausgeprägtes Maximum III$_2$ im Bereich von 36500 bis 35500 cm^{-1} mit einer vorgelagerten Schulter (III$_1$), in dem nach IR

Tab. 2

Substanz	Banden cm^{-1}	
	I	II
$Cu_{0,025}Mg_{0,975}O$	5500	11400
$Cu_{0,05}Mg_{0,950}O$	5500	11500
$Cu_{0,075}Mg_{0,925}O$	5800	11800

abfallenden Ast bei etwa 30000 cm^{-1}. Mit zunehmender Cu-Konzentration ($x > 0,05$) tritt die Schulter III$_1$ mehr und mehr als flaches Maximum hervor, während sich das Maximum III$_2$ in eine flache Schulter verwandelt, die in dem wenig geneigten, nach UV abfallenden Ast der Bande nur schwach zum Vorschein kommt. Die Lage aller drei Banden ist von der Cu-Konzentration abhängig, die der Bande I am wenigsten. Während sich I und II mit zunehmendem x nach UV verschieben, reagieren III$_1$ und III$_2$ in umgekehrtem Sinne (Abb. 7). Die Intensität aller Banden nimmt bis $x = 0,1$ mit der

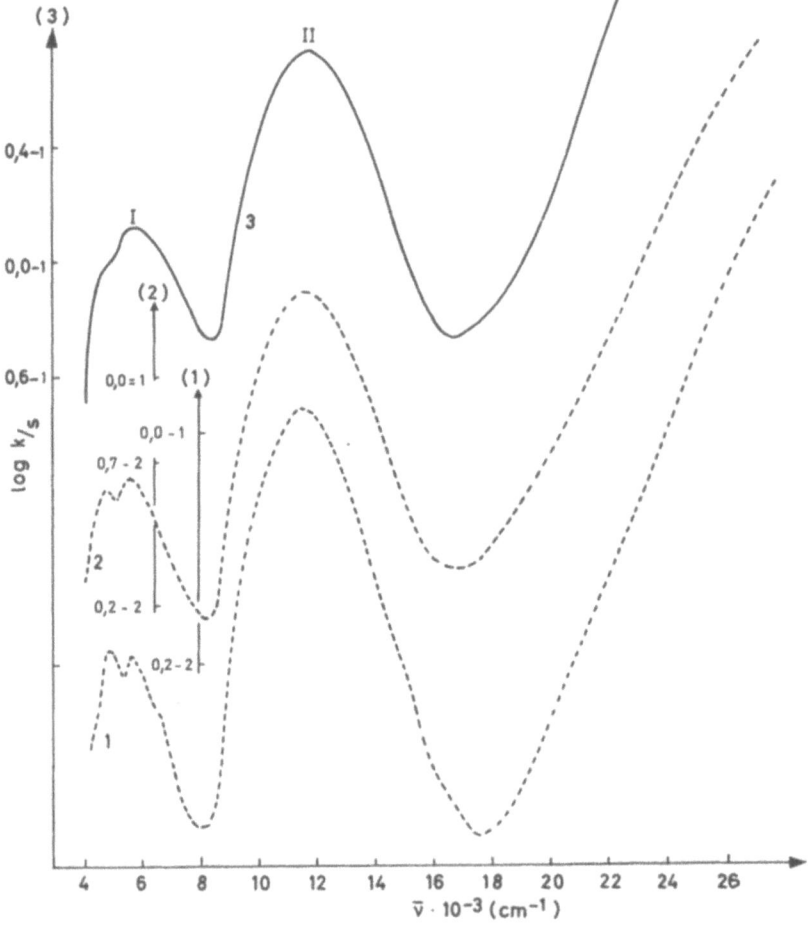

Abb. 5 Charakteristische Farbkurven der Mischkristalle $Cu_xMg_{1-x}O$.
Kurve 1. $x = 0,025$; 2. $x = 0,05$; 3. $x = 0,075$.

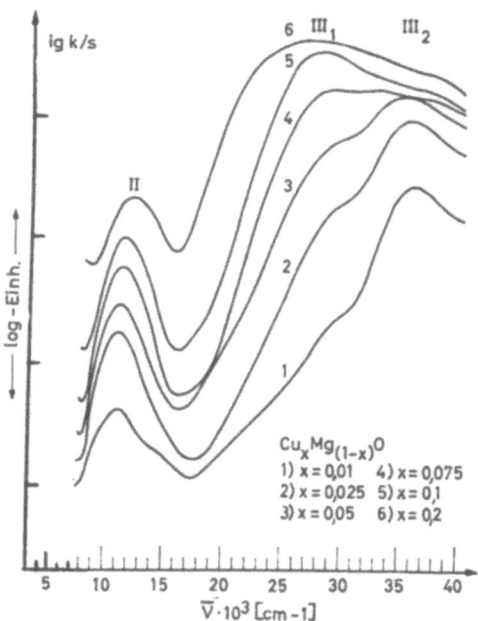

Abb. 6 Charakteristische Farbkurven der Mischkristalle $Cu_xMg_{1-x}O$.

Cu-Konzentration zu. Bei $x = 0{,}2$ sind die Intensitäten der Banden II und III etwas niedriger als bei $x = 0{,}1$. Gleichzeitig erscheinen diese Banden verbreitert. Es ist möglich, daß diese Intensitätserniedrigung mit der Verbreiterung im Zusammenhang steht.

Die Banden I und II sind sicher Kristallfeldbanden, während III eine Elektronenübergangsbande sein dürfte. Auch die Absorptionsspektren von Komplexverbindungen mit sechszähligem Cu^{2+} können zwei Banden aufweisen, wie z. B. das Spektrum des Tris-äthylendiamin-kupfer(II)-sulfats zeigt (Abb. 8). Für die Deutung des Spektrums ist der JAHN–TELLER-Effekt heranzuziehen, demzufolge das CuO_6-Oktaeder eine tetragonale Verzerrung erfährt [10].

ESR-Messungen an mit Cu^{2+} dotierten MgO-(ORTON et al. [9]) und CaO-Einkristallen (Low und Suss [10a]) liefern zwar einen isotropen, aber zu großen g-Faktor. Die Autoren erklären dies durch die Annahme von Gitterschwingungen, welche die Hauptachsen des Oktaeders abwechselnd in die vierzählige Achse eines gestauchten oder elongierten Oktaeders verwandeln. In beiden untersuchten Fällen verschwinden die Signale unterhalb von 4°K, und es treten neue auf. Das wird durch die Annahme erklärt, daß die vierzählige Achse des tetragonal verzerrten Oktaeders bei der tiefen Temperatur fixiert wird. Ob ein elongiertes oder gestauchtes Oktaeder vorliegt, konnte noch nicht entschieden werden.

Geht man von einem elongierten CuO_6-Oktaeder aus, so würde man die Bande I dem Übergang $^2B_{1g}(^2E_g) \to {}^2A_{1g}(^2E_g)$ zuordnen (siehe das Schema Abb. 9B). Da bei einer tetragonalen Verzerrung drei Banden zu erwarten sind, sollte Bande II durch Superposition von zwei dicht beieinander liegenden Banden hervorgerufen sein, die den Übergängen $^2B_{1g}(^2E_g) \to {}^2B_{2g}(^2T_{2g})$ und $^2B_{1g}(^2E_g) \to {}^2E_g(^2T_{2g})$ entsprechen würden.

Bande II zeigt insbesondere bei niedrigen Cu-Konzentrationen eine deutliche Asymmetrie, was auf eine Überlagerung zweier Banden hinweist.

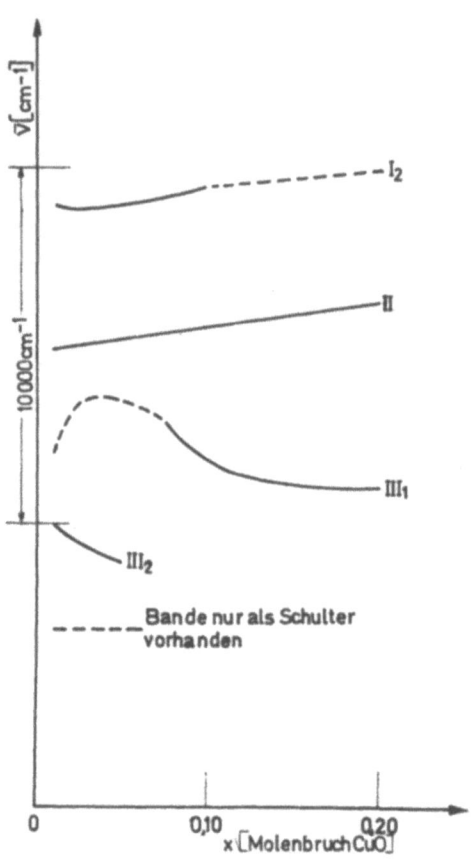

Abb. 7 Verschiebung der Banden in Abhängigkeit von der Cu-Konzentration im System $Cu_xMg_{1-x}O$.

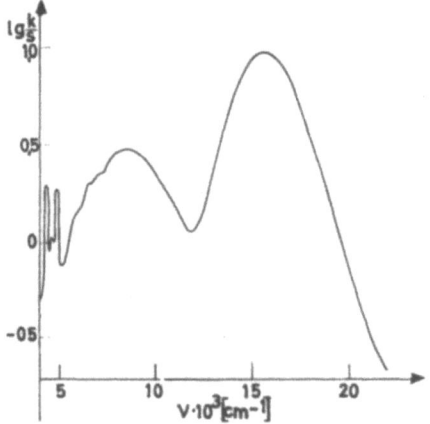

Abb. 8 Spektrum des Tris-äthylendiamin-kupfer(II)-sulfats

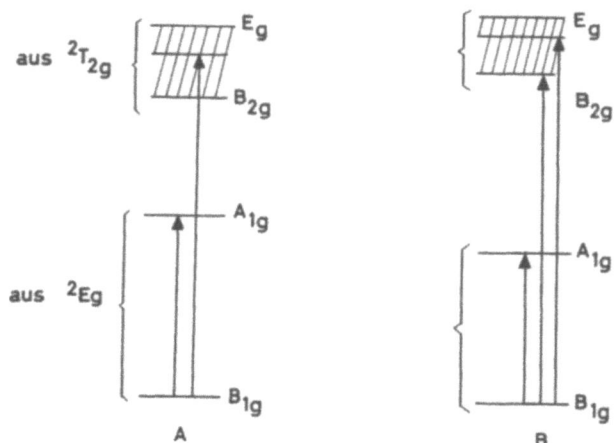

Abb. 9 Termschema zur Erklärung der UV-Verschiebung von Bande I bei gleichzeitiger IR-Verschiebung von Bande II des Cu^{2+} beim Übergang $Cu_xMg_{1-x}TiO_3$ (B) — $Cu_xCd_{1-x}TiO_3$ (A) unter Annahme einer tetragonalen Punktsymmetrie am Ort des Cu^{2+} (Elongiertes Oktaeder).

b) Lichtabsorption des Cu^{2+} in Kristallgittern niedriger Symmetrie

α) *Die Lichtabsorption des Cu^{2+} in Ilmenitphasen*

In den Ilmenitphasen $MgTiO_3$ und $CdTiO_3$ bildet das Sauerstoffteilgitter annähernd eine hexagonal dichteste Kugelpackung. Die Kationen besetzen zwei Drittel der Oktaederlücken. Das Gitter der Ilmenitphasen kann von dem des Korunds (Al_2O_3) abgeleitet werden, indem die eine Hälfte der Al^{3+} z. B. durch Mg^{2+}, die andere durch Ti^{4+} ersetzt wird. Wahrscheinlich sind die Mg^{2+} und Ti^{4+} nicht statistisch, sondern geordnet über die Oktaederplätze verteilt, und zwar so, daß die in den Ebenen senkrecht zur Rhomboeder-Achse c befindlichen Oktaederplätze schichtweise abwechselnd mit Mg^{2+} bzw. Ti^{4+} besetzt sind. Es ist anzunehmen, daß die Abstände Magnesium–Sauerstoff im Mittel größer als die von Titan–Sauerstoff sind. Die Punktsymmetrie der Kationen in den Ilmeniten ist höchstens C_{3v}, wahrscheinlich aber niedriger. Demnach erscheinen $MgTiO_3$ und $CdTiO_3$ als geeignete Wirtsgitter, um den Einfluß einer niedrig symmetrisch sechszähligen Koordination auf das Spektrum des Cu^{2+} zu untersuchen.

Im $MgTiO_3$ wurden 2 und 10 Atom-% Mg isomorph gegen Cu ausgetauscht. Die Gitterkonstanten ändern sich dabei praktisch nicht (Tab. 3). Die Substanzen sind von hellbrauner (2 Atom-% Cu) bzw. gelber (10 Atom-% Cu) Farbe. Ein Versuch, 50 Atom-% Mg durch Cu zu ersetzen, schlug fehl.

Die Farbkurven (Abb. 10, Tab. 3) zeigen drei gut ausgebildete Banden, I, II_2 und III_2 mit einer breiten Schulter III_1. Im Anstieg nach II_2 ist eine weitere Bande als Schulter II_1 schwach angedeutet. I ist unsymmetrisch und zeigt in Kurve 1 zwei Maxima.

Die Banden I und II liegen im energetischen Bereich der Kristallfeldbanden. Die Farbkurven entsprechen im Typus denen des Systems $Cu_xMg_{1-x}O$. Beim Übergang $Cu_xMg_{1-x}O \rightarrow Cu_xMg_{1-x}TiO_3$ erfolgt eine IR-Verschiebung aller Banden, insbesondere von Bande III_2 (Tab. 4), sowie eine Erhöhung der Absorptionsintensität von I im Vergleich zu II. Die Aufspaltung von I ist fraglich, da sie nur in der Farbkurve 1 ($x = 0,02$) deutlich zu erkennen ist. Die beträchtliche IR-Verschiebung entspricht auch den mit Co^{2+} und Ni^{2+} gemachten Erfahrungen [11]. Dies kann nach REINEN [12] dadurch mitbedingt sein, daß die Cu—O-Bindung infolge der starken Bindung des O^{2-}

Tab. 3 *Darstellungsbedingungen und Eigenschaften der Mischkristalle* $Cu_xMg_{1-x}TiO_3$ *und* $Cu_xCd_{1-x}TiO_3$

	\multicolumn{6}{c}{$Cu_xMg_{1-x}TiO_3$}	\multicolumn{4}{c}{$Cu_xCd_{1-x}TiO_3$}		
x	\multicolumn{2}{c}{0}	\multicolumn{2}{c}{0,02}	\multicolumn{2}{c}{0,10}	\multicolumn{2}{c}{0}	\multicolumn{2}{c}{0,02}
	Stdn.	°C	Stdn.	°C	Stdn.	°C	Stdn.	°C	Stdn.	°C
Sinterdauer und -temp.	42	870	23	880	38	800	19	650	6	650
	+212	1100	+21	880	+42	900	+43	820	+41	880
			+29	1070	+69	880	+86	880	+40	880
					+43	950	+39	880	+22	680
Farbe	\multicolumn{2}{c}{weiß}	\multicolumn{2}{c}{hellbraun}	\multicolumn{2}{c}{gelb}	\multicolumn{2}{c}{weiß}	\multicolumn{2}{c}{blaßgelb}
Gitterkonstanten (Å)	\multicolumn{2}{c}{$a = 5,053$}	\multicolumn{2}{c}{$a = 5,050$}	\multicolumn{2}{c}{$a = 5,052$}	\multicolumn{2}{c}{$a = 5,234$}	\multicolumn{2}{c}{$a = 5,238$}
	\multicolumn{2}{c}{$\pm 0,005$}	\multicolumn{2}{c}{$\pm 0,010$}	\multicolumn{2}{c}{$\pm 0,001$}	\multicolumn{2}{c}{$\pm 0,003$}	\multicolumn{2}{c}{$\pm 0,003$}
	\multicolumn{2}{c}{$c = 13,890$}	\multicolumn{2}{c}{$c = 13,920$}	\multicolumn{2}{c}{$c = 13,898$}	\multicolumn{2}{c}{$c = 14,822$}	\multicolumn{2}{c}{$c = 14,813$}
	\multicolumn{2}{c}{$\pm 0,010$}	\multicolumn{2}{c}{$\pm 0,020$}	\multicolumn{2}{c}{$\pm 0,002$}	\multicolumn{2}{c}{$\pm 0,006$}	\multicolumn{2}{c}{$\pm 0,006$}
Banden-Lage und Intensität										
I (cm^{-1})			< 4 000		3 800				4 500	
(lg k/s)			−1,31		−0,88				−1,46	
Schulter										
II$_1$ (cm^{-1})			≈ 8 300		≈ 8 300				8 500	
(lg k/s)			−1,50		−0,87				−1,15	
Maximum										
II$_2$ (cm^{-1})			9 500		9 600		\multicolumn{2}{c}{Maximum α}	≈ 14 500	
(lg k/s)			−1,31		−0,64				−1,39	
Schulter										
III$_1$ (cm^{-1})			≈ 24 000		≈ 25 000					
(lg k/s)			−0,80		−0,08					
Maximum										
III$_2$ (cm^{-1})			30 000		28 500				≈ 27 500	
(lg k/s)			+0,07		+0,63				+0,15	

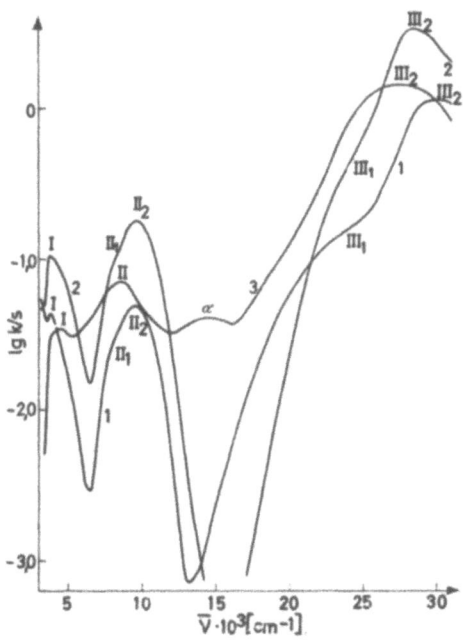

Abb. 10 Charakteristische Farbkurven von $Cu_xMg_{1-x}TiO_3$.
1. $x = 0{,}02$; 2. $x = 0{,}10$ (gegenüber 1. um 0,1 log-Einheiten nach unten verschoben);
3. $Cu_{0,02}Cd_{0,98}TiO_3$.

an das hochgeladene Ti^{4+} stark geschwächt ist im Vergleich zur Cu—O-Bindung im Mischkristall $Cu_xMg_{1-x}O$.

Die beobachteten 3 Kristallfeldbanden (I, II_1, II_2) zeigen, daß man die Symmetrie des Kristallfeldes auch nicht näherungsweise als kubisch betrachten kann. Beim Vorliegen trigonaler Symmetrie wären zwei und bei tetragonaler drei Banden zu erwarten, wenn man die Spin–Bahn-Kopplung außer Betracht läßt. Letzteres ist berechtigt, da die Abstände der Banden größer sind als es beim Vorliegen einer durch Spin–Bahn-Kopplung bedingten Termaufspaltung der Fall wäre. Somit dürfte am Ort des eingebauten Cu^{2+} die Symmetrie des Kristallfeldes höchstens tetragonal sein.

Die Banden III_1 und III_2 sind auf Grund ihrer Lage als Elektronenübergangsbanden zu betrachten. Bei einer Erhöhung der Cu-Konzentration von 2 auf 10 Atom-% verschiebt sich nur III_2, und zwar um 1500 cm^{-1} nach IR, während sich III_1 und in sehr geringem Maße auch die Kristallfeldbande II nach UV verschiebt (Tab. 3), eine Erscheinung, die auch beim System $Cu_xMg_{1-x}O$ beobachtet wurde.

Tab. 4

Substanz	Banden (cm^{-1})			
	I	II	III_1	III_2
$Cu_{0,02}Cd_{0,98}TiO_3$	4500	8500	–	27500
$Cu_{0,1}Mg_{0,9}TiO_3$	3800	9600	25000	28500
$Cu_{0,01}Mg_{0,99}O$	5600	11200	29000	36500
$Cu_{0,05}Mg_{0,95}CaGeO_4$	6300	11400	30000	36700
$Cu_{0,05}Mg_{0,95}CaSiO_4$	7500	11800	30000	38000
$Cu_{0,1}Mg_{1,9}GeO_4$	5700	11900	30000	37000

Effekt einer Gitterweitung

Um die Wirkung einer Gitterweitung auf die Lichtabsorption zu untersuchen, wurde in der Ilmenitphase $Cu_{0,02}Mg_{0,98}TiO_3$ das Mg^{2+} durch Cd^{2+} ausgetauscht, wobei eine beträchtliche Zunahme der Gitterkonstanten erfolgte (Tab. 3).

$CdTiO_3$ ist dimorph. Die im Ilmenitgitter kristallierende Modifikation wandelt sich oberhalb von 900°C in die Perowskitmodifikation um. Die rückläufige Reaktion gelang bisher nur unter hydrothermalen Bedingungen [13].

In der Ilmenitphase $CdTiO_3$ konnten nur 2 Atom-% Cd^{2+} durch Cu^{2+} isomorph ersetzt werden. Dabei trat praktisch keine Änderung der Gitterkonstanten ein (Tab. 3).

Die Farbkurve von $Cu_{0,02}Cd_{0,98}TiO_3$ (B) (Abb. 10 Kurve 3) unterscheidet sich wesentlich von der des Cu-haltigen Mg-Ilmenits $Cu_{0,02}Mg_{0,98}TiO_3$ (A): Bande I ist jetzt von Bande II nicht mehr durch ein tiefes Minimum getrennt und statt des Minimums zwischen Bande II und III_2 befindet sich jetzt eine stark verbreiterte niedrige Bande (α). Außerdem läßt die Elektronenübergangsbande III_2 in dem nach IR abfallenden Ast *keine* Schulter mehr erkennen. Die Banden II und III erscheinen gegenüber den entsprechenden Banden von A um 1000 bzw. 2500 cm^{-1} nach IR verschoben. Dies war auch zu erwarten, da beim Übergang A → B eine starke Aufweitung des Gitters und somit eine Schwächung des Kristallfeldes am Ort des eingebauten Cu^{2+} erfolgt.

Nimmt man an, daß Bande I (B) der Bande I (A) entspricht, so ergäbe sich beim Übergang A → B eine UV- statt einer IR-Verschiebung, was auf den ersten Blick mit der IR-Verschiebung von Bande II im Widerspruch zu stehen scheint. Die beobachtete UV-Verschiebung ist aber grundsätzlich auch dann möglich, wenn eine Schwächung des Kristallfeldes eintritt. Nimmt nämlich bei dem Übergang A → B die Verzerrung (Anisotropie) des Koordinationsoktaeders wesentlich zu, so kann sich der Abstand zwischen den beiden aus dem ^2E_g-Grundterm des $[Cu^{2+}]^6$ hervorgehenden und für die Lage der Bande I maßgebenden beiden Spalttermen trotz Schwächung des Feldes vergrößern, was eine UV-Verschiebung bewirken würde (Abb. 9). Ob diese Möglichkeit hier tatsächlich realisiert ist, muß noch offen bleiben.

Während die Banden I und II sicher Kristallfeldbanden sind, kann die Frage, ob dies auch für die Bande α zutrifft, nicht mit Sicherheit entschieden werden.

β) Die Lichtabsorption des Cu^{2+} in Orthosilikaten und Orthogermanaten

Die als Wirtsgitter verwendeten Orthosilikate und -germanate ($MgCaSiO_4$, $MgCaGeO_4$, Mg_2SiO_4, Mg_2GeO_4) leiten sich alle vom Forsterit ab. In diesem befinden sich die Mg^{2+} je zur Hälfte in zwei verschiedenen Lückenarten. Die eine, M_1, wird von zwei Kanten und zwei Ecken von vier verschiedenen, die andere, M_2, von einer Kante und vier Ecken von fünf verschiedenen SiO_4-Tetraedern gebildet. Im Monticellit besetzen die Ca^{2+} die Lückenart M_2. M_1 und M_2 sind stark verzerrte Oktaeder. Damit können die genannten Orthosilikate und -germanate ebenfalls als Wirtsgitter für Cu^{2+} dienen, um den Einfluß einer niedrig symmetrischen Hexakoordination auf sein Absorptionsspektrum zu untersuchen.

In $MgCaSiO_4$ und $MgCaGeO_4$ wurden jeweils 5 Atom-% Mg^{2+} isomorph gegen Cu^{2+} ausgetauscht. Die kupferhaltigen Substanzen sind von hellgelber Farbe. Ihre Spektren (Abb. 11, Tab. 5) gleichen im Typus weitgehend denjenigen, die von den Mischkristallen $Cu_xMg_{1-x}O$ und $Cu_xMg_{1-x}TiO_3$ erhalten wurden. Die Banden I_2 und II bei etwa 7000 und 11500 cm^{-1} sind Kristallfeldbanden, III_1 und III_2 Elektronenübergangsbanden. Die Bande I enthält noch ein kleines Nebenmaximum I_1 bei etwa 4800 cm^{-1}, dessen Herkunft ungeklärt ist. Möglicherweise ist sie durch die Natur des Weiß-

Tab. 5 Darstellungsbedingungen und Eigenschaften der Silicium- und Germanium-Monticellit-Phasen

Substanz	MgCaSiO$_4$ Stdn. °C	Cu$_{0,05}$Mg$_{0,95}$CaSiO$_4$ Stdn. °C	MgCaGeO$_4$ Stdn. °C	Cu$_{0,05}$Mg$_{0,95}$CaGeO$_4$ Stdn. °C
Sinterdauer und Sintertemperatur	80 1100	80 1100	15 1120 + 20 1120 + 48 1120	20 1100 + 24 1100 + 65 1100
Farbe	weiß	hellgelb	weiß	hellgelb
Banden (cm^{-1})				
I$_1$		4 800		4 800
I$_2$		7 500		6 300
II		11 800		11 400
III$_1$ Schulter		≈ 30 000		≈ 30 000
III$_2$		38 000		36 700

Tab. 6 Darstellungsbedingungen und Eigenschaften der Silicium- und Germanium-Forsterit-Phasen

Substanz	Mg$_2$SiO$_4$	Cu$_{0,05}$Mg$_{1,95}$SiO$_4$ Stdn. °C	Mg$_2$GeO$_4$ Stdn. °C	Cu$_{0,1}$Mg$_{1,9}$GeO$_4$ Stdn. °C
Sinterdauer und Sintertemperatur		40 1100 + 20 1100 + 55 1100 + 48 1100	27 680 + 74 800 + 40 1030 + 22 1100	17 680 + 74 800 + 40 1030 + 12 1100
Farbe	weiß	hellgrün	weiß	hellgrün
Gitterkonstanten (Å)	a = 4,75 b = 10,20 c = 5,98		a = 4,92 ± 0,01 b = 10,30 ± 0,01 c = 6,02 ± 0,01	a = 4,91 ± 0,01 b = 10,29 ± 0,01 c = 6,02 ± 0,01
Lage der Banden (cm^{-1})				
I		4 600 5 500 (S*)		5 700
II$_a$		7 500		
II$_1$		10 000		10 500 (S*)
II$_2$		12 000		11 900
III$_1$				30 000 (S*)
III$_2$		39 000		37 000

* S = Schulter.

Standards bedingt. Bemerkenswert ist, daß sich beim Übergang vom kupferhaltigen Silicium-Monticellit zum kupferhaltigen Germanium-Monticellit, abgesehen von Band I$_1$, alle Banden nach IR verschieben. Daraus kann geschlossen werden, daß der Austausch von Si gegen Ge eine *Weitung* der von Mg besetzten Oktaederlücken bewirkt. Die Unempfindlichkeit der Bande I$_1$ gegen die Gitteraufweitung bzw. Schwächung des Kristallfeldes spricht dafür, daß diese Bande nicht für die Farbkurve des Cu^{2+} charakteristisch ist.

In den Forsterit-Phasen Mg_2SiO_4 und Mg_2GeO_4 ließen sich 2,5 bzw. 5 Atom-% Mg^{2+} gegen Cu^{2+} ohne Änderung der Gitterkonstanten austauschen (Tab. 6). Während damit gerechnet werden konnte, daß in den Cu-haltigen *Monticellit*phasen infolge der stark voneinander differierenden Radien von Mg^{2+} und Ca^{2+} nur die Lückenart M_1 von Cu^{2+} besetzt ist, war es a priori wahrscheinlich, daß in den Cu-haltigen *Forsterit*-phasen Cu^{2+} über beide Lückenarten M_1 und M_2 verteilt ist. Vergleicht man die Farbkurven (Abb. 11, Kurve 1 und Abb. 12, Kurve 1) von $Cu_{0,05}Mg_{0,95}CaSiO_4$ (A) und $Cu_{0,05}Mg_{1,95}SiO_4$ (B), so erkennt man, daß die Farbkurve von B statt zweier gut ausgeprägter Maxima eine breite Bande mit mindestens vier Maxima (I_1, II_a, II_1, II_2) besitzt. Die einfachste Erklärung hierfür gründet sich auf der Annahme, daß sich in B das Cu^{2+} auf die beiden Lückenarten M_1 und M_2 verteilt. Da sich die Kristallfeldstärken und die Feldsymmetrien in M_1 und M_2 am Ort des eingebauten Cu^{2+} voneinander unterscheiden, erhält man eine Überlagerung zweier Farbkurven, wodurch sich die Zahl

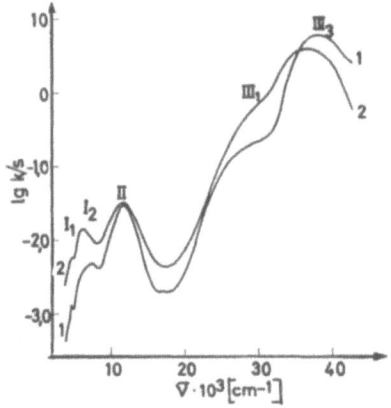

Abb. 11 Charakteristische Farbkurven.
1. $Cu_{0,05}Mg_{0,95}CaSiO_4$; 2. $Cu_{0,05}Mg_{0,95}CaGeO_4$.

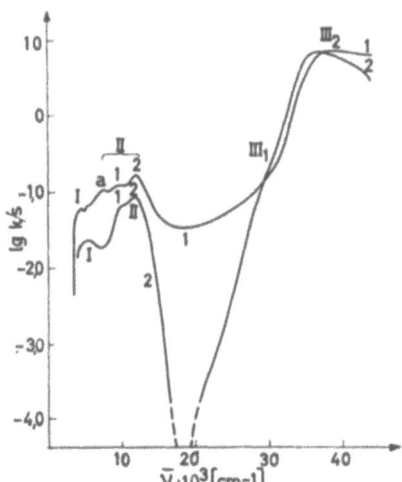

Abb. 12 Charakteristische Farbkurven.
1. $Cu_{0,05}Mg_{1,95}SiO_4$; 2. $Cu_{0,1}Mg_{1,9}GeO_4$.

der Maxima erhöhen kann. Ersetzt man in B das Si durch Ge($Cu_{0,1}Mg_{1,9}GeO_4$), so treten in der Farbkurve statt der breiten Bande mit den vier aufgesetzten Maxima nur eine Bande (I) geringer Intensität bei 5700 cm^{-1} und eine gut ausgeprägte Bande (II) mit einem Maximum (2) bei 11 900 cm^{-1} und einer vorgelagerten Schulter (1) im Bereich von 10 900 bis 10 500 cm^{-1} in Erscheinung (Abb. 12, Kurve 2; Tab. 6). Man könnte aus der reduzierten Zahl der Maxima in der Farbkurve des Germanats den Schluß ziehen, daß im Germanat Cu^{2+} im wesentlichen nur *eine* Lückenart besetzt.

Tab. 7 *Darstellungsbedingungen und Eigenschaften von* $Cu_{0,05}Mg_{0,95}Cr_2O_4$

Sinterdauer und Temperatur		Farbe	Gitterkonstante Å	Banden (cm^{-1})	
Stdn.	°C			I	II
20	800				
+ 17	850				
+ 23	1280	grau	8,34 ± 0,01	6400	≈ 13 000

Bemerkenswert ist die Feststellung, daß der Ersatz von Si durch Ge in der Forsterit-Phase B praktisch keine Verschiebung der Kristallfeldbanden bewirkt, während bei der analogen Substitution im Cu-haltigen Monticellit eine deutliche, wenn auch kleine IR-Verschiebung erfolgt. Anders verhält sich die Elektronenübergangsbande III, indem der Austausch von Si gegen Ge nicht nur bei der Monticellitphase A, sondern auch bei der Forsteritphase B eine IR-Verschiebung verursacht [14]. Es sei noch darauf hingewiesen, daß bei der Substitution von Si durch Ge in B eine außerordentliche Vertiefung des bei etwa 19 000 cm^{-1} befindlichen Minimums erfolgt.

4. Cu^{2+} in vierzähliger Koordination

a) In tetraedrischer Koordination

Ein Wirtsgitter, das den isomorphen Einbau des Cu^{2+} ausschließlich in reguläre Koordinationstetraeder gestattet, besitzen wir nur in den Chrom(III)-spinellen, wie z. B. $MgCr_2O_4$. Hier sind die Oktaederplätze durch Cr^{3+} blockiert, das infolge der von 3 Elektronen besetzten 3d-Orbitale d_{xy}, d_{xz} und d_{yz} wohl in Oktaeder-, aber nicht in Tetraederlücken hineinpaßt. Die Farbkurve des Cu-haltigen $MgCr_2O_4$ würde durch Überlagerung der Lichtabsorption des Cu^{2+} und Cr^{3+} zustande kommen. Allerdings liegt die erste Hauptabsorptionsbande des Cr^{3+} bei ≈ 14 000 cm^{-1}, so daß sie nicht in den bei kleineren Wellenzahlen befindlichen Bereich der Kristallfeldbanden des tetraedrisch koordinierten Cu^{2+} fällt.

Als einfaches oxidisches Wirtsgitter mit nichtregulär tetraedrisch koordinierten Metallatomen kommt ZnO in Betracht. Die Zn^{2+} befinden sich in einem trigonal gestauchten Koordinationstetraeder (3 O^{2-} im Abstand 1,89 und 1 O^{2-} im Abstand 1,96 Å vom Zn^{2+}) mit der Punktsymmetrie C_3 [15]. Über die Lichtabsorption des mit Cu^{2+} dotierten ZnO liegen bereits Veröffentlichungen von anderer Seite vor [16, 17, 18]. Übereinstimmend wird nur eine einzige Bande bei 5800 cm^{-1} gefunden. Sie ist bei gewöhnlicher Temperatur nur schwach ausgeprägt, tritt jedoch bei etwa 70°K und darunter deutlich hervor und zeigt eine kleine Aufspaltung (37 cm^{-1}), die von WEAKLIEM [18] durch Überlagerung einer kleinen trigonalen Komponente erklärt wird.

Ein relativ einfaches Gitter besitzt Zinkorthosilikat (Zn_2SiO_4 = Willemit), worin nicht nur Si, sondern auch Zn tetraedrisch koordiniert ist. Die Lagen der O-Atome in den ZnO_4-Tetraedern entsprechen annähernd idealen Tetraedern. Jedoch befinden sich die Zn^{2+} nicht genau in den Zentren, so daß sie die niedrige Punktsymmetrie C_1 besitzen.

α) *Die Lichtabsorption des* Cu^{2+} *nach Einbau in* $MgCr_2O_4$

Die Cu-haltige Spinellphase $Cu_{0,05}Mg_{0,95}Cr_2O_4$ wurde durch Sintern des Oxidgemisches bei 1280°C hergestellt (bei 850°C blieb die Reaktion unvollständig, s. Tab. 7). Bei der hohen Temperatur ist die Bildung von Cu_2O möglich, jedoch ergaben sich keine Anhaltspunkte für seine Anwesenheit im Reaktionsprodukt. Geringe Verunreinigung an Cu_2O hätte die spektralphotometrische Untersuchung aber auch nicht gestört, da Cu_2O erst oberhalb 14000 cm^{-1} absorbiert [19].

Obwohl die Remission der grauen Substanz $Cu_{0,05}Mg_{0,95}Cr_2O_4$ auf $MgCr_2O_4$ als »Weiß-Standard« bezogen wurde, eliminierte sich die Lichtabsorption des Cr^{3+} oberhalb 14000 cm^{-1} nicht.

Aus diesem Grunde konnte die Farbkurve (Abb. 13) nur unterhalb 14000 cm^{-1} ausgewertet werden. Sie zeigt ein hohes Maximum I bei 6400 cm^{-1} und ein zweites (II) bei etwa 13000 cm^{-1}, dessen Lage wegen der beginnenden Absorption des Wirtsgitters nicht genau festzulegen ist. Bei etwa 4000 cm^{-1} ist in Richtung kleinerer Wellenzahlen ein starker Anstieg der Farbkurve zu bemerken, so daß im IR eine weitere Bande vermutet werden kann. Bande I ist nach den an Cu-haltigem ZnO erhaltenen Ergebnissen eine Kristallfeldbande des tetraedrisch koordinierten Cu^{2+}. Bande II ist möglicherweise ebenfalls eine Kristallfeld- und keine Elektronenübergangsbande. Dafür spricht, daß im Cu-haltigen ZnO die Elektronenübergangsbanden bei sehr viel größeren Wellenzahlen liegen [20].

Das Auftreten von drei intensitätsstarken Kristallfeldbanden (siehe oben) bei 6400 und < 4000 bzw. 13000 cm^{-1} bei kubischer Symmetrie der Koordinationstetraeder ist ebenso unerwartet wie die Existenz zweier Banden im Spektrum des kubischen Mischkristalles $Cu_xMg_{1-x}O$. Dies erscheint um so merkwürdiger, als im Spektrum des Cu-haltigen ZnO zwar infolge der trigonalen Feldsymmetrie zwei Banden gleicher Intensität vorhanden sind, deren Abstand jedoch nur 37 cm^{-1} beträgt [18]. Auch beim Mischkristall $Cu_{0,05}Mg_{0,95}Cr_2O_4$ muß man annehmen, daß die CuO_4-Tetraeder infolge des JAHN-TELLER-Effektes tetragonal verzerrt sind, wie dies im tetragonal kristallisierenden Spinell $CuCr_2O_4$ der Fall ist.

β) *Lichtabsorption des* Cu^{2+} *nach Einbau in Zinkorthosilikat*

Es gelang nur, 5 Atom-% Cu^{2+} in Zn_2SiO_4 an Stelle von Zn^{2+} einzubauen ($Cu_{0,05}Zn_{1,95}SiO_4$). Die Farbkurve (Abb. 14) besitzt eine hohe Bande (I) mit einem Maximum (2) bei 7500 cm^{-1} und einer Schulter (1) bei etwa 6500 cm^{-1} (Tab. 8). Nimmt man auch hier eine tetragonale Verzerrung des Koordinationstetraeders an, so müßte noch eine dritte Bande bei kleineren Wellenzahlen vorhanden sein. Der Anstieg der Farbkurve in Richtung IR nach Überschreiten des Minimums bei 5000 cm^{-1} läßt vermuten, daß dies auch tatsächlich der Fall ist. Ein Vergleich mit der Farbkurve des Cu-haltigen Magnesiumchromspinelles ist nicht ohne weiteres möglich, da letztere eine wesentlich stärkere Bandenaufspaltung zeigt.

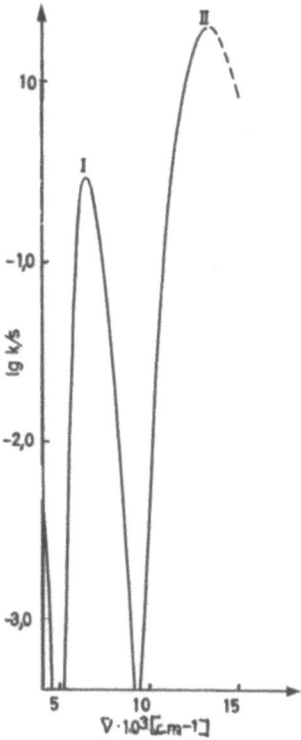

Abb. 13 Charakteristische Farbkurve von $Cu_{0,05}Mg_{0,95}Cr_2O_4$.

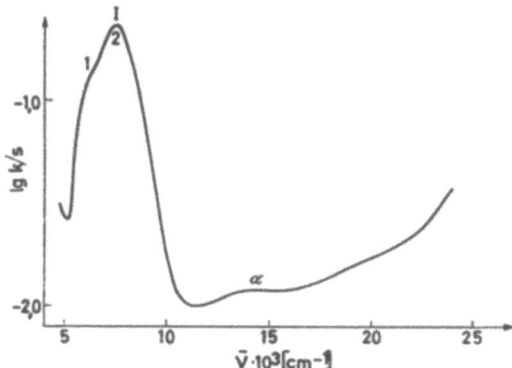

Abb. 14 Charakteristische Farbkurve von $Cu_{0,05}Zn_{1,95}SiO_4$.

Tab. 8 *Darstellungsbedingungen und Eigenschaften der Substanzen im System $Cu_xZn_{2-x}SiO_4$*

Substanz		Zn_2SiO_4	$Cu_{0,05}Zn_{1,95}SiO_4$
Sintertemperatur			1000°C
Farbe		weiß	hellblau
Lage der Banden (cm^{-1})	I_1		6 500 (Schulter)
	I_2		7 500

Zusammenfassend kann man sagen, daß im Spektrum des *tetraedrisch* koordinierten Cu^{2+} in manchen Fällen zwei oder sogar drei Banden in auffallend großem Abstand vorhanden sind, bedingt durch einen JAHN-TELLER-Effekt.

b) Die Lichtabsorption des coplanar tetrakoordinierten Cu^{2+}

Eine besondere Stellung unter den kupferhaltigen Silikaten nimmt das Ägyptisch-Blau, $CaCuSi_4O_{10}$, ein. Die Verbindung ist isotyp mit dem Mineral Gillespit ($BaFeSi_4O_{10}$), das nach Untersuchungen von PAPST [1] eine Schichtstruktur besitzt, in welcher Fe^{2+} coplanar von 4 Sauerstoffatomen umgeben ist. Die gleiche Koordination hat das Cu^{2+} im Ägyptisch-Blau, woraus eine höchstens tetragonale Punktsymmetrie des Cu^{2+} folgt. Demnach sind mindestens drei Banden – entsprechend der vierfachen Aufspaltung eines ^2D-Terms im tetragonalen Feld – zu erwarten.

Die Farbkurve der durch Sintern eines Nitratgemisches ($Ca(NO_3)_2 + Cu(NO_3)_2$) mit SiO_2 (Molverhältnis 1:1:4) bei 950 °C über 140 Stunden dargestellten Substanz zeigt eine Schulter bei etwa 8000 cm^{-1} und zwei weitere in den Bereichen von 12500 bis 13000 cm^{-1} bzw. von 18000 bis 18500 cm^{-1} sowie ein scharfes Maximum bei 16000 cm^{-1} (Abb. 15, Kurve 1). LUDI und GIOVANOLI [21] fanden, daß die Schulter bei 8000 cm^{-1} nach der Extraktion der Substanz mit siedender Salzsäure verschwand. Dies können wir weitgehend bestätigen [23]. Allerdings ist die fragliche Schulter in der von uns erhaltenen Farbkurve auch nach 7tägiger Extraktion mit siedender 2n-HCl noch zu erkennen (Abb. 15, Kurve 3). Die zweite Schulter tritt jetzt als frei stehendes Maximum bei 12800 cm^{-1} hervor. Danach ist mit LUDI und GIOVANOLI anzunehmen, daß die Farbkurve des Ägyptisch-Blaus nur die bei tetragonaler Feldsymmetrie zu erwartenden drei Banden besitzt.

Durch die Behandlung der Substanz mit Salzsäure nahm der Gehalt an CuO und CaO ab, so daß die Zusammensetzung des Pigmentes der Formel $Ca_{10}Cu_8Si_{41}O_{100}$ und nicht mehr der theoretischen ($Ca_{10}Cu_{10}Si_{40}O_{100} = CaCuSi_4O_{10}$) entsprach. Offenbar war die durch Sintern dargestellte Substanz nicht ganz einheitlich. Die Frage, wodurch die Bande bei etwa 8000 cm^{-1} verursacht wurde, kann noch nicht eindeutig beantwortet werden. Sie liegt im Bereich des Hauptmaximums der Farbkurve von $Cu_{0,05}Zn_{1,95}SiO_4$ (Abb. 14). Danach ist es wahrscheinlich, daß die fragliche Schulter durch tetraedrisch koordiniertes Cu^{2+} bedingt wird.

CLARK und BURNS [22] untersuchten die dem Ägyptisch-Blau entsprechende Bariumverbindung $BaCuSi_4O_{10}$ spektralphotometrisch. Ihr Absorptionsspektrum enthält ebenfalls drei Banden, deren Lage praktisch mit den Bandenlagen des Ägyptisch-Blaus übereinstimmen. Die Banden werden folgenden Übergängen zugeordnet: I $^2B_{1g} \rightarrow {}^2B_{2g}$, II $^2B_{1g} \rightarrow {}^2E_g$, III $^2B_{1g} \rightarrow {}^2A_{1g}$. Die Termfolge ist danach anders, als man auf Grund des für tetragonale Feldsymmetrie (elongiertes Koordinationsoktaeder) abgeleiteten Termschemas (Abb. 9) erwarten sollte: $^2B_{1g}$ (Grundterm), $^2B_{2g}$, $^2A_{1g}$, ^2E_g.

Ein weiteres Beispiel für coplanar vierfach koordiniertes Cu^{2+} liegt im Diäthylendiaminkupfer(II)-sulfat ($Cu(H_2NC_2H_4NH_2)_2SO_4$) vor. Eine Bestimmung der Punktlagen wurde für das Sulfat noch nicht durchgeführt, doch liegt eine solche für das Rhodanid vor [23]. Dort ist Cu^{2+} rechteckig von vier N-Atomen im Abstand von 2,00 Å umgeben, und zwei S-Atome von 2 SCN im Abstand von 3,27 Å vervollständigen ein stark verzerrtes Oktaeder, so daß näherungsweise für Cu^{2+} rhombische Punktsymmetrie angenommen werden kann.

Die Remissionsmessung (MgO als Weiß-Standard) ergab für das Sulfat eine Bande bei 17500 cm^{-1} und eine Schulter bei etwa 12500 cm^{-1} (Abb. 16), in Übereinstimmung mit dem von BALDWIN [24] erhaltenen Ergebnis. Die Banden im IR sind vermutlich im wesentlichen durch Äthylendiamin bedingt, jedoch kann die Anwesenheit einer dritten Kristallfeldbande auf Grund des allgemeinen Anstiegs der Absorption in diesem Bereich vermutet werden, was auch im Hinblick auf die niedrige Feldsymmetrie wahrscheinlich ist.

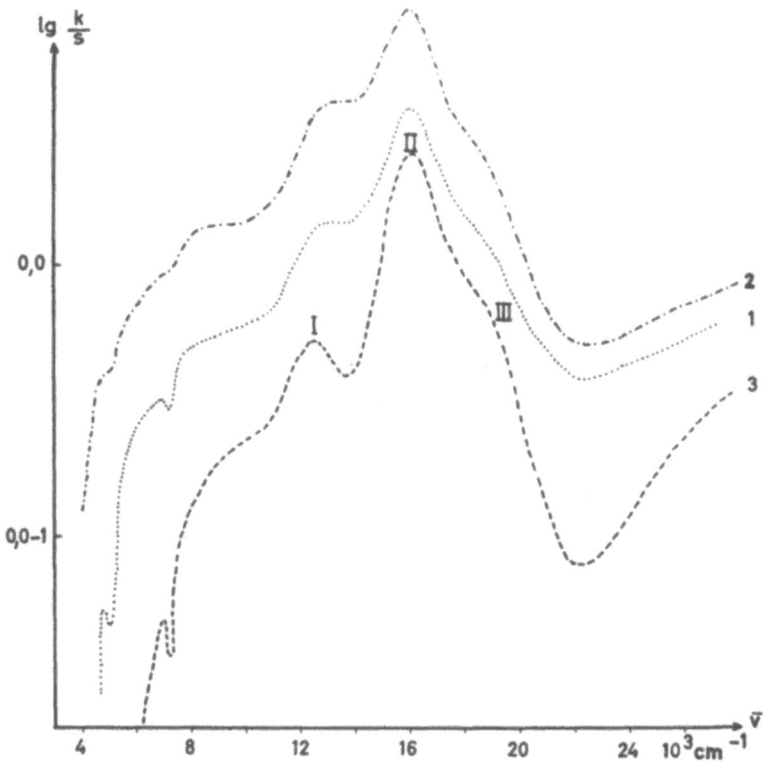

Abb. 15 Charakteristische Farbkurven von Ägyptisch-Blau.
1. bei 950°C 140 h gesintert; Messung bei 293°K; 2. Substanz während der Messung auf 77°K abgekühlt; 3. nach der Extraktion mit 2 n-HCl.

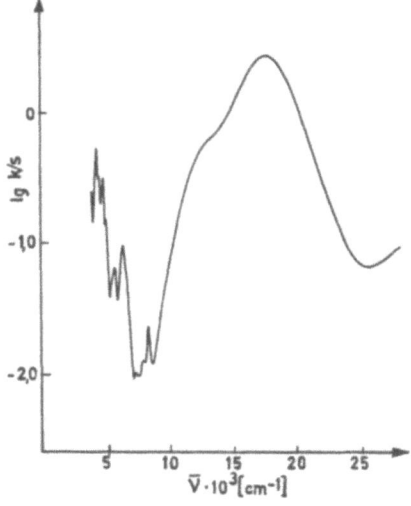

Abb. 16 Charakteristische Farbkurve von Cu(en)$_2$SO$_4$ (gegen MgO als Weiß-Standard vermessen).

5. Die Lichtabsorption des Cu^{2+} in Spinellen

Verwendet man einen Spinell als Wirtsgitter, dessen Oktaederplätze *nicht* blockiert sind, so besteht grundsätzlich die Möglichkeit, daß isomorph eingebaute Cu^{2+} sowohl Tetraeder- als auch Oktaederplätze besetzten. Als Wirtsgitter wurden von uns 2,3- und 2,4-Spinelle benutzt.

Eine Schwierigkeit bei der Deutung der Spinellspektren liegt darin, daß die Hauptbande des tetraedrisch koordinierten Cu^{2+} gerade in dem Bereich liegt, in dem sich die erste Bande des oktaedrisch koordinierten Cu^{2+}, etwa in $Cu_xMg_{1-x}O$, befindet. Es mußte also nach Möglichkeiten gesucht werden, die Lichtabsorption des *tetraedrisch* und die des *oktaedrisch* koordinierten Cu^{2+} zu unterscheiden. Hier bietet sich vornehmlich die Intensität der Banden als Kriterium an. Wegen des dem Tetraeder fehlenden Symmetriezentrums kann eine Zumischung ungerader Eigenfunktionen des Cu^{2+} zu den geraden d-Funktionen erfolgen, so daß die Tetraederbanden nicht paritätsverboten sind und damit eine erhebliche Intensität erreichen können. Bei den oktaedrisch koordinierten Übergangsmetallionen und allgemein bei all denen, deren Koordinationspolyeder ein Symmetriezentrum besitzt, kann das Paritätsverbot jedoch nur mit Hilfe der Gitterschwingungen umgangen werden, so daß die Absorptionsintensität relativ gering ist. Dementsprechend stellte WEAKLIEM [18] fest, daß die integrale Intensität der Banden *tetraedrisch* koordinierter Übergangsmetallionen praktisch unabhängig von der Temperatur ist, d. h. unabhängig von Gitterschwingungen. Dagegen fand PAPPALARDO [16] eine Abnahme der linearen Intensität der Bande des *oktaedrisch* koordinierten Cu^{2+} im $CuSiF_6 \cdot 6 H_2O$ mit sinkender Temperatur. Leider standen uns die Hilfsmittel nicht zur Verfügung, die Temperaturabhängigkeit der Spektren zu untersuchen. Um zwischen tetraedrisch und oktaedrisch koordiniertem Cu^{2+} zu unterscheiden, wurde deshalb ein anderer Weg beschritten. Durch isomorphen Austausch von zweiwertigen Kationen durch andere in den Cu-haltigen Spinellen läßt sich die Verteilung der Cu^{2+} auf Te-

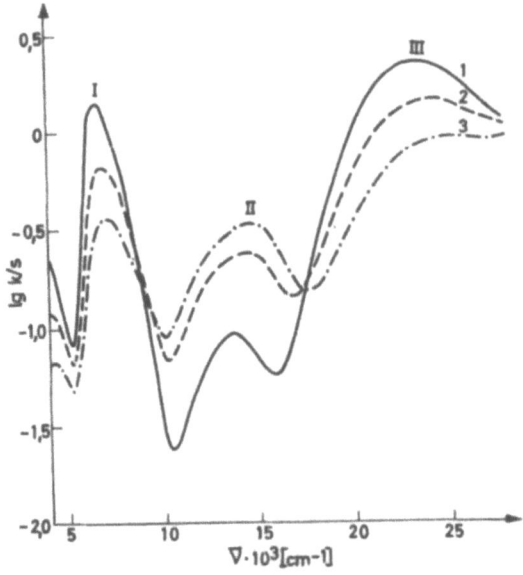

Abb. 17 Charakteristische Farbkurven von $Cu_{0,2}Cd_yZn_{(0,8-y)}Al_2O_4$.
1. $y = 0$ (um 0,2 log-Einheiten gegenüber 2. und 3. nach oben verschoben); 2. $y = 0,2$; 3. $y = 0,4$.

traeder- und Oktaederlücken beeinflussen. Dies läßt eine Änderung der Intensitätsverhältnisse erwarten, so daß eine Zuordnung der Banden zu $[Cu^{2+}]^4$ bzw. $[Cu^{2+}]^6$ ermöglicht wird.

Um das Verfahren zu erläutern, gehen wir vom Cu-haltigen Zinkaluminiumspinell $Cu_{0,2}Zn_{0,8}Al_2O_4$ aus. Die Farbkurve (Abb. 17, Kurve 1) zeigt eine hohe Bande (I) mit einem relativ scharfen Maximum bei 6700 cm^{-1} und eine sehr viel niedrigere und relativ breite Bande (II) mit einem Maximum bei 13 700 cm^{-1}. Beides sind Kristallfeldbanden, während die hohe, stark verbreiterte Bande (III) mit einem Maximum bei 23 000 cm^{-1} eine Elektronenübergangsbande sein dürfte. Eine weitere Bande bei $\bar{\nu} < 4000$ cm^{-1} ist nicht mehr vollkommen erfaßt; sie macht sich aber durch einen steilen Anstieg der Farbkurve in Richtung IR bemerkbar.

Beim Austausch von Zn^{2+} gegen Cd^{2+} wird die Intensität der Bande I stark herabgesetzt, während die der Bande II sich stark erhöht (Abb. 17, Tab. 9). Die beiden Banden ändern also ihre Intensität bei der Substitution gegenläufig, so daß sie nicht ein und demselben Farbträger angehören können. Aus den Ergebnissen der vorher besprochenen Systeme mit ausschließlich $[Cu^{2+}]^4$ bzw. $[Cu^{2+}]^6$ ergibt sich, daß Bande I vorwiegend dem *tetraedrischen*, und Bande II vorwiegend dem *oktaedrischen* Cu^{2+} zuzuordnen ist.

Tab. 9 *Lage und Intensität der Banden I ÷ III im System* $Cu_xCd_yZn_{1-x-y}Al_2O_4$

		I		II		III	
x	y	Lage cm^{-1}	Intensität lg k/s	Lage cm^{-1}	Intensität lg k/s	Lage cm^{-1}	Intensität lg k/s
0,2	0	6650	−0,25	13 600	−1,43	23 200	−0,04
0,2	0,2	6800	−0,37	14 400	−0,82	24 000	−0,04
0,2	0,4	7100	−0,64	14 500	−0,67	25 200	−0,23

Es ergibt sich ferner die kristallchemisch interessante Folgerung, daß durch den Einbau von Cd^{2+} in die Tetraederlücken des Spinelles ein Teil des Cu^{2+} aus Tetraeder- in Oktaederlücken verdrängt wird, z. B.:

$$[Cu_{0,2-x}Zn_{0,8}Al_x]^4 [Cu_xAl_{2-x}]^6 O_4 \xrightarrow[-0,4\ Zn^{2+}]{+0,4\ Cd^{2+}}$$

$$[Cu_{0,2-x-n}Zn_{0,4}Cd_{0,4-z}Al_{x+n+z}]^4 [Cu_{x+n}Cd_zAl_{2-x-n-z}]^6 O_4$$

Bei dieser Gleichung ist berücksichtigt, daß beim Austausch von Zn^{2+} gegen Cd^{2+} der Einbau des letzteren auch in Oktaederlücken erfolgt (siehe Abschnitt 5a, α).

Ähnliche Verhältnisse liegen auch beim Übergang $Cu_xMg_{2-x}TiO_4$ (A) → $Cu_xMg_{1-x}ZnTiO_4$ (B) vor. Während in der Farbkurve von A die Intensität der Tetraederbande größer als die der Oktaederbande ist, liegen die Verhältnisse in der Farbkurve von B gerade umgekehrt (vgl. Abb. 18, Kurve 4 mit Abb. 24, Kurve 1).

Von einem Teil der kupferhaltigen Spinelle konnten auch die ersten Elektronenübergangsbanden im UV vermessen werden. Diese zeigen die bemerkenswerte Tendenz, sich mit steigender Kupferkonzentration stark zu verbreitern und nach IR auszudehnen. Dies ist besonders deutlich der Fall bei $Cu_xMg_{2-x}TiO_4$ ($x = 0,03$; 0,06 und 0,20; Abb. 21). Werden hier 10 Atom-% des Mg^{2+} durch Cu^{2+} ersetzt, so überdecken die Elektronenübergangsbanden die Oktaederbande (II) praktisch vollständig. (Abb. 21, Kurve 3). Bei niedrigeren Kupferkonzentrationen ($x = 0,03$ und 0,06) wird dagegen diese Bande freistehend erhalten.

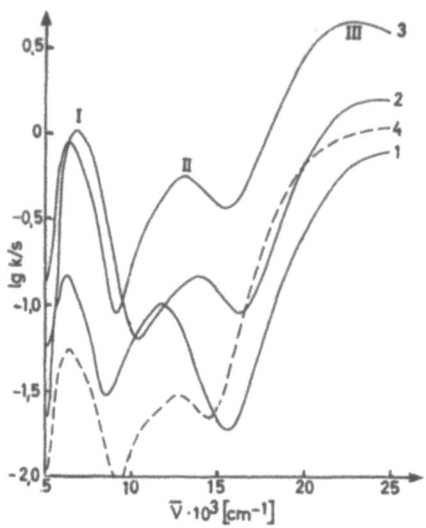

Abb. 18 Charakteristische Farbkurven.
1. $Cu_{0,2}Mg_{1,8}SnO_4$; 2. $Cu_{0,2}Mg_{0,8}Al_2O_4$; 3. $Cu_{0,3}Mg_{0,7}Ga_2O_4$; 4. $Cu_{0,03}Mg_{1,97}TiO_4$.

a) Die Lichtabsorption des Cu^{2+} in 2,3-Spinellen

Die Farbkurve des Cu-haltigen Zinkaluminiumspinelles $Cu_{0,2}Zn_{0,8}Al_2O_4$ (A) wurde bereits im voranstehenden Abschnitt behandelt. Sie entspricht vollständig derjenigen des Cu-haltigen Magnesiumaluminiumspinelles $Cu_{0,2}Mg_{0,8}Al_2O_4$ (B). Nur erscheinen die Maxima von B gegenüber denjenigen von A geringfügig nach UV verschoben.

α) *Aufweitung der Oktaederlücken*

Wird in $Cu_{0,3}Mg_{0,7}Al_2O_4$ Al^{3+} durch das größere Ga^{3+} ersetzt ($Cu_{0,3}Mg_{0,7}Ga_2O_4$), so tritt eine Gitterweitung und eine IR-Verschiebung aller Banden ein (Abb. 18, Kurven 2 und 3; Tab. 10). Das Gleiche trifft für den Übergang zu dem vollständig substituierten Spinell $CuGa_2O_4$ zu (Abb. 19), in dessen Farbkurve die Maxima nicht so scharf in Erscheinung treten wie in dem partiell substituierten Spinell $Cu_{0,3}Mg_{0,7}Ga_2O_4$. Daraus könnte geschlossen werden, daß sich sowohl die durch Cu^{2+} besetzten Tetraeder- als auch Oktaederlücken beim Ersatz des Al^{3+} durch Ga^{3+} aufweiten.
Nach SCHMALZRIED [25] ist $MgGa_2O_4$ ein stark fehlgeordneter inverser Spinell. Bei steigender Temperatur nimmt die Konzentration der $[Mg^{2+}]^4$ ab, und die Kationenverteilung entspricht z. B. bei 1200°C der Formel: $[Ga_{0,87}Mg_{0,13}]^4 [Mg_{0,87}Ga_{1,13}]^6O_4$. Dem entsprechend sind hier die Tetraederlücken kleiner als die in $[Mg]^4 [Al_2]^6 O_4$ ($R_{Ga^{3+}} = 0{,}62$ Å, $R_{Mg^{2+}} = 0{,}78$ Å).
Danach sollte man beim Übergang $Cu_xMg_{1-x}Al_2O_4 \rightarrow Cu_xMg_{1-x}Ga_2O_4$ wohl eine IR-Verschiebung der Oktaeder-, aber eine UV-Verschiebung der Tetraederbande erwarten. Die aber tatsächlich beobachtete IR-Verschiebung der Tetraederbande zeigt, daß auch die mit Cu^{2+} besetzten *Tetraeder*lücken beim Austausch von Al^{3+} gegen Ga^{3+} *aufgeweitet* werden. Unter Berücksichtigung des Ergebnisses von SCHMALZRIED [25] muß man annehmen, daß beim Ersatz von Al^{3+} durch Ga^{3+} gewisse Tetraederlücken (die von Cu^{2+} bzw. Mg^{2+} besetzten) aufgeweitet und die anderen (die von Ga^{3+} besetzt werden) kontrahiert werden, derart, daß bei einer statistischen Verteilung der Kationen über die Tetraederlücken röntgenographisch eine Verkleinerung dieser Lücken gefunden wird. Dies steht im Einklang mit den Untersuchungen an Co-haltigen Magnesium–Alu-

minium- bzw. Magnesium–Gallium-Spinellen [26]. Auch hier erfolgt beim Austausch von Al^{3+} gegen Ga^{3+} eine IR-Verschiebung der *Tetraeder*banden des Co^{2+}.

Der kubisch kristallisierende Kupfergalliumspinell $CuGa_2O_4$ wurde von ROBBINS und BALTZER [27] röntgenographisch untersucht. Sie fanden, daß die Intensität der Röntgenreflexe am besten mit der Annahme der inversen Struktur $[Ga]^4[CuGa]^6O_4$ zu deuten ist. Das Remissionsspektrum (Abb. 19) stimmt, von einer geringfügigen IR-Verschiebung abgesehen, mit dem von $Cu_{0,3}Mg_{0,7}Ga_2O_4$ überein, weist also sowohl die Oktaeder- als auch die Tetraeder-Banden des Cu^{2+} auf, so daß man auch für $CuGa_2O_4$ eine Verteilung des Cu^{2+} über Oktaeder- und Tetraederlücken annehmen muß.

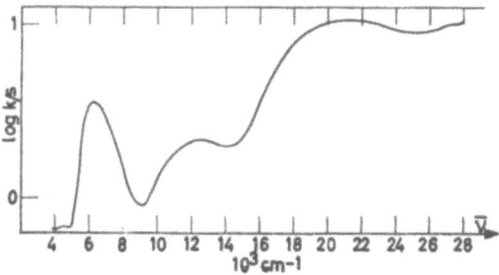

Abb. 19 Charakteristische Farbkurve von $CuGa_2O_4$.

Tab. 10 Darstellungsbedingungen und Eigenschaften von $Cu_{0,2}Mg_{0,8}Al_2O_4$ *und* $Cu_{0,3}Mg_{0,7}Ga_2O_4$

Substanz	$Cu_{0,2}Mg_{0,8}Al_2O_4$ Stdn.	°C	$Cu_{0,3}Mg_{0,7}Ga_2O_4$ Stdn.	°C
Sinterdauer und Sintertemperatur	18	950	18	1000
	+ 48	1100	+ 5	1100
	+ 5	1200	+ 50	1100
Farbe	hellbraun		hellbraun	
Gitterkonstante (Å)	8,082		8,293	
Metall-Sauerstoff-Abstand im Wirtsgitter (Å)				
a) Oktaederlücke	1,930		2,042	
b) Tetraederlücke	1,920		1,852	
Banden (cm⁻¹)				
I	6 850		6 300	
II	13 900		13 100	
III	24 000		23 000	

β) Aufweitung der Tetraederlücken

Um den durch eine Aufweitung von Tetraederlücken bedingten Farbeffekt zu untersuchen, wurde in der Spinellphase $Cu_{0,2}Zn_{0,8}Al_2O_4$ Zn^{2+} sukzessive bis zu 0,4 Zn^{2+} durch Cd^{2+} isomorph ersetzt. Während beim Austausch von 20 Atom-% Zn^{2+} durch Cu^{2+} die Gitterkonstante innerhalb der Fehlergrenze konstant bleibt, steigt sie bei der Substitution von Zn^{2+} durch Cd^{2+} an, allerdings nicht streng linear (Tab. 11, Abb. 20). Daraus kann geschlossen werden, daß sich bei der Substitution von Zn^{2+} durch Cd^{2+} die Art der Lückenbesetzung ändert. (Bei höheren Cd-Gehalten auch Besetzung von $[\ ]^6$ durch Cd^{2+} unter Verdrängung von Al^{3+} aus den $[\ ]^6$ in die $[\ ]^4$). Die Farbe der Substanzen $Cu_{0,2}Zn_{0,8-y}Cd_yAl_2O_4$ ändert sich mit steigendem Cd-Gehalt von braungelb

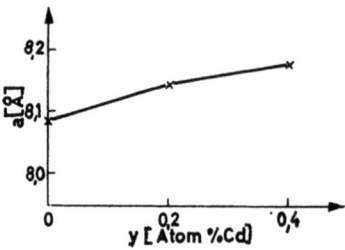

Abb. 20 Gitterkonstanten im System $Cu_{0,2}Cd_yZn_{0,8-y}Al_2O_4$.

Tab. 11 *Sinterdauer, Sintertemperatur, Farbe und Gitterkonstanten im System* $Cu_xCd_yZn_{1-x-y}Al_2O_4$

x	y	Sinterdauer Stdn.	Temperatur °C	Farbe	Gitterkonstante (Å) ($\pm$ 0,005 Å)
0	0	24	800		
		+ 115	1050	weiß	8,089
0,2	0	24	800		
		+ 163	1200		
		+ 810	800	braungelb	8,085
0,2	0,2	18	800		
		+ 6	930		
		+ 43	970		
		+ 70	1100	hellgelb	8,144
0,2	0,4	18	800		
		+ 6	930		
		+ 43	970		
		+ 70	1100	grüngelb	8,178

($y = 0$) über hellgelb ($y = 0,2$) nach grüngelb ($y = 0,4$) (Tab. 11). Es wurden vier Banden im Spektralbereich zwischen 4000 und 27000 cm^{-1} gefunden (Abb. 17). Alle Banden verschieben sich mit steigendem Cadmiumgehalt nach UV. Dies steht mit den bisherigen Erfahrungen an Co- und Cr-haltigen Aluminium-Spinellen im Widerspruch [29]. Ersetzt man im Co-haltigen Magnesium-Aluminium-Spinell Mg^{2+} durch Cd^{2+} ($Co_{0,1}Mg_{0,2}Cd_{0,7}Al_2O_4$), so wird eine, wenn auch geringe, IR-Verschiebung der Tetraederbanden des Co^{2+} beobachtet. Daraus ist zu schließen, daß eine geringe Aufweitung der von Co^{2+} besetzten Tetraederlücken erfolgt. Andererseits werden bei der Substitution von Mg^{2+} durch Cd^{2+} auch die Oktaederlücken aufgeweitet, wie aus der IR-Verschiebung der Oktaederbanden des dreiwertigen Chroms zu ersehen ist, wenn man im Cr-haltigen Magnesium–Aluminium-Spinell ($MgAlCrO_4$) das Mg^{2+} teilweise durch Cd^{2+} ersetzt ($Mg_{0,4}Cd_{0,6}AlCrO_4$).

Nimmt man an, daß beim Austausch von Zn^{2+} durch Cd^{2+} eine bestehende tetragonale Verzerrung der mit Cu^{2+} besetzten Tetraeder- und Oktaederlücken stark zunimmt, so besteht die Möglichkeit, daß die JAHN–TELLER-Aufspaltung so beträchtlich wird, daß auch der Abstand zwischen dem Grundterm und dem höchsten Spaltterm trotz Schwächung des Feldes zunimmt, was eine UV-Verschiebung der betr. Absorptionsbanden bedeuten würde. Vielleicht liegen die Verhältnisse ähnlich wie bei der Aufweitung des Ilmenitgitters $Cu_xMg_{1-x}TiO_3$ durch Austausch von Mg^{2+} gegen Cd^{2+}. Jedoch wurde in diesem Falle nur die längerwellige Bande (I), nicht dagegen die kürzerwellige (II) nach UV verschoben (vgl. *Abschnitt* 3 b α, *Abb.* 10). Vielleicht ist die Verzerrung der mit Cu^{2+} besetzten Koordinationspolyeder bei dem Übergang $Cu_xZn_{1-x}Al_2O_4 \rightarrow Cu_x\text{-}Zn_{1-x-y}Cd_yAl_2O_4$ besonders erleichtert, weil dann sowohl Tetraeder- als auch Oktaederlücken mit Kationen recht unterschiedlicher Radien besetzt sind.

b) Die Lichtabsorption des Cu^{2+} in 2,4-Spinellen

Auch für den isomorphen Einbau von Cu^{2+} in einen 2,4-Spinell ergeben sich die Möglichkeiten der Besetzung von Tetraeder- und Oktaederlücken. Folgende Fragen standen außerdem noch im Vordergrund des Interesses.

1. Wie beeinflußt ein isomorpher Austausch des vierwertigen Kations gegen ein anderes vierwertiges mit größerem bzw. kleinerem Radius die Lichtabsorption.
2. Wie ändert sich die Lage der Absorptionsmaxima, wenn die Tetraederlücken durch isomorphen Einbau eines größeren Kations aufgeweitet werden.
3. Inwieweit ist es möglich, die Tetraederlücken durch isomorphen Einbau eines geeigneten Kations, etwa Zn^{2+}, so zu blockieren, daß in den betreffenden Cu-haltigen 2,4-Spinell die Cu^{2+} in die Oktaederlücken gedrängt werden.

Wir gehen vom Magnesium–Titan-Spinell aus, worin 10 Atom-% Mg^{2+} durch Cu^{2+} ersetzt wurden: $Cu_{0,2}Mg_{1,8}TiO_4$. Die Farbkurve (Abb. 21, Kurve 3), die den Farbkurven der Cu-haltigen 2,3-Spinelle sehr ähnlich ist, zeigt die Tetraederbande (I) mit einem Maximum bei 6600 cm^{-1} und die nur als Schulter ausgebildete Oktaederbande (II). Bei niederen Cu-Konzentrationen ($x = 0{,}06$ und $0{,}03$) tritt sie mit einem gut ausgebildeten Maximum in Erscheinung (Abb. 21, Tab. 12). Sie läßt eine Schulter bei kleineren Wellenzahlen erkennen. Ein Vergleich mit den im Typus gleichartigen Farbkurven der 2,3-Spinelle $Cu_{0,2}Mg_{0,8}Al_2O_4$ (A) und $Cu_{0,2}Mg_{0,8}Ga_2O_4$ (B) zeigt, daß sich die Maxima I und II von A bei größeren, diejenigen von B aber annähernd bei den gleichen Wellenzahlen befinden wie in den Farbkurven der Mischkristalle $Cu_xMg_{2-x}TiO_4$ (C); vgl. Kurve 4 mit den Kurven 2 und 3, Abb. 18 sowie Abb. 21 (s. auch Tab. 10 und 12). Ersteres ist auch verständlich, da in A sowohl die Oktaeder-

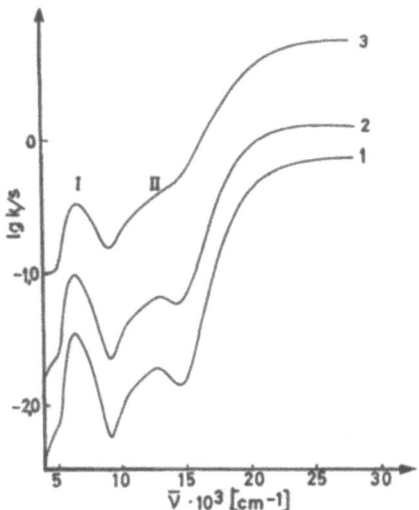

Abb. 21 Charakteristische Farbkurven von $Cu_xMg_{2-x}TiO_4$.
1. $x = 0{,}03$ (um 0,2 log-Einheiten gegenüber 3. nach unten verschoben); 2. $x = 0{,}06$ (um 0,2 log-Einheiten gegenüber 3. nach unten verschoben); 3. $x = 0{,}20$.

Tab. 12 *Darstellungsbedingungen und Eigenschaften von* $Cu_xMg_{2-x}TiO_4$ *und* $Cu_{0,2}Mg_{1,8}SnO_4$

Substanz	$Cu_{0,2}Mg_{1,8}TiO_4$ Stdn.	°C	$Cu_{0,03}Mg_{1,97}TiO_4$ Stdn.	°C	$Cu_{0,2}Mg_{1,8}SnO_4$ Stdn.	°C
Sinterdauer und -temperatur	42	1070	20	800	12	950
	+40	1070	+70	960	+47	1000
	+46	1070	+17	940	+87	1000
			+15	1280		
Farbe	braun		hellbraun		hellbraun	
Gitterkonstanten	8,439		8,441		8,639	
Metall-Sauerstoff-Abstand im Wirtsgitter (Å)						
a) Oktaederlücke	2,020		2,020		2,121	
b) Tetraederlücke	2,003		2,003		1,945	
Banden (cm⁻¹)						
I	6 600		6 400		6 300	
II Schulter	≈ 10 700		≈ 10 500		≈ 10 500	
Maximum	–		13 700		11 800	

als auch die Tetraederlücken *kleiner* sind als diejenigen von C. Auffallend ist jedoch, daß das Maximum der Tetraederbande (I) von B annähernd bei der gleichen Wellenzahl liegt wie das entsprechende von C (Abb. 22). Eigentlich sollte sich I von B bei größeren Wellenzahlen befinden, da die Tetraederlücken von B kleiner als diejenigen von C sind. Andererseits sind die Oktaederlücken von B größer als die von C, so daß eine IR-Verschiebung des Maximums II beim Übergang C → B zu erwarten gewesen wäre. Tatsächlich erfolgt aber eine geringe UV-Verschiebung (Abb. 22). Man sieht hieraus, daß man die Abstände Cu—O nicht den entsprechenden Abständen M—O des Wirtsgitters gleichsetzen darf.

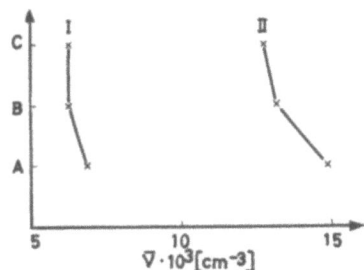

Abb. 22 Verschiebung der Kristallfeldbanden I und II.
A. $Cu_{0,2}Mg_{0,8}Al_2O_4$; B. $Cu_{0,2}Mg_{0,8}Ga_2O_4$; C. $Cu_{0,03}Mg_{1,97}TiO_4$.

α) *Aufweitung der Oktaederlücken durch Austausch von* Ti^{4+} *gegen* Sn^{4+}

Wird im Mg_2TiO_4 alles Ti^{4+} durch Sn^{4+} ersetzt, so nimmt die Gitterkonstante um 2,4% zu (von $8,44_1$ auf $8,64_6$ Å). Gleichzeitig nimmt aber der Sauerstoff-Parameter u ab (von 0,387 auf 0,380; s. [15]). Die Folge ist, daß trotz Vergrößerung der Gitterkonstanten die Tetraederlücken kleiner werden: Abstand Mg—O im Mg_2TiO_4 (D) = $2,00_5$, in Mg_2SnO_4 (E) = $1,94_5$ Å. Die Oktaederlücken werden dagegen geweitet: Abstand Mg—O in D = $2,01_5$, in E = $2,12_2$ Å. Im gleichen Sinne ändern sich auch die Abstände in den Cu-haltigen Phasen $Cu_xMg_{2-x}TiO_4$ und $Cu_xMg_{2-x}SnO_4$ (Tab. 12). Danach sollte die Tetraederbande I beim Austausch von Ti^{4+} gegen Sn^{4+} nach UV, die Oktaederbande (II) jedoch nach IR verschoben werden. Tatsächlich wandert aber nicht nur II, sondern auch I (um etwa 200 cm^{-1}) nach IR. Um die Größe der IR-Verschiebung von II zu ermitteln, können wir nicht die Farbkurve von $Cu_{0,2}Mg_{1,8}TiO_4$ heranziehen, weil hier das Maximum der Bande II verdeckt ist. Wir vergleichen deshalb die Farbkurven von $Cu_{0,2}Mg_{1,8}SnO_4$ und $Cu_{0,03}Mg_{1,97}TiO_4$ (Abb. 18, Tab. 12), wobei ein kleiner Fehler dadurch entsteht, daß sich die Maxima der Tetraeder- und Oktaederbanden mit abnehmendem Cu-Gehalt geringfügig nach IR verschieben. Man erkennt, daß der Austausch von Ti^{4+} gegen Sn^{4+} eine IR-Verschiebung der Oktaederbande (II) um etwa 1000 cm^{-1} verursacht. Aus der nicht erwarteten IR-Verschiebung des Maximums I ist zu folgern, daß bei der Substitution von Ti^{4+} durch Sn^{4+} die mit Cu^{2+} besetzten Tetraederlücken [ ]^4 *aufgeweitet werden*, obwohl die übrigen [ ]^4 entsprechend dem röntgenographischen Befund derart schrumpfen, daß sich im Mittel eine *Verkleinerung* der [ ]^4 im Vergleich zu den [ ]^4 des Titanspinelles ergibt. Analoges ist auch, wie wir bereits sahen, beim Ersatz von Al^{3+} durch Ga^{3+} in der Spinellphase $Cu_xMg_{1-x}Al_2O_4$ der Fall (s. Abschnitt 5a, a).

Ähnlich verhält sich Co^{2+} als farbgebendes Kation in $Co_xMg_{2-x}TiO_4$ beim Austausch von Ti^{4+} gegen Sn^{4+}. Hierbei erfährt die praktisch nur vom Kristallfeldparameter Δ abhängige Tetraederbande II des Co^{2+} keine UV-Verschiebung, obwohl die [ ]^4 im Mittel schrumpfen. Die UV-Verschiebung der Bande III des [Co^{2+}]^4 beruht auf einer Zunahme des *Racah*-Parameters B, der aber beim Cu^{2+} keine Rolle spielt.

Der Austausch von Ti^{4+} gegen Sn^{4+} in der Spinellphase $Cu_xMg_{2-x}TiO_4$ bewirkt außer der Verschiebung der Banden I und II noch folgende Veränderungen der Farbkurve:
1. Die Schulter in der Oktaederbande (II) ist nicht mehr zu erkennen.
2. Die Elektronenübergangsbande (III) erscheint im Gegensatz zu den Banden I und II nach UV verschoben. Die Verschiebung von Kristallfeld- und Elektronenübergangsbanden erfolgt hier gegenläufig, wie wir dies auch in anderen Fällen beobachtet haben.

β) Aufweitung der Tetraederlücken

Ausgegangen wurde vom Cu-haltigen Magnesium-zink-titanspinell $Cu_xMg_{1-x}ZnTiO_4$. Hierin befindet sich Zn^{2+} in Tetraederlücken, soweit es nicht durch $[Cu^{2+}]^4$ in Oktaederlücken gedrängt wurde. 60 Atom-% Zn^{2+} ließen sich durch Cd^{2+} ersetzen: $Cu_xMg_{1-x}Zn_{1-y}Cd_yTiO_4$ $(0,05 \leq x \leq 0,5; 0 \leq y \leq 0,6)$.
Die Gitterkonstante nimmt unabhängig vom Cu-Gehalt linear mit der Cd-Konzentration zu, während der Austausch von Mg^{2+} gegen Cu^{2+} praktisch keine Änderung der Gitterkonstanten bewirkt (Abb. 23, Tab. 13). Daraus ist zu schließen, daß der Einbau des Cd^{2+} vorwiegend in eine einzige Lückenart, vermutlich in die Tetraederlücken, erfolgt.

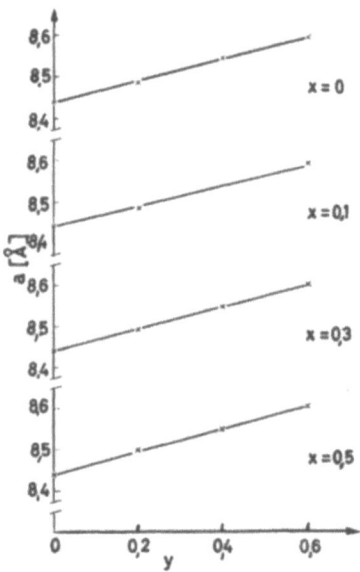

Abb. 23 Gitterkonstanten im System $Cu_xMg_{1-x}Cd_yZn_{1-y}TiO_4$.

Die Farbkurven (Abb. 24, Tab. 14) ändern sich mit ansteigendem y in folgender Weise:

1. Die Intensität der Tetraederbande (I) nimmt gegenüber derjenigen der Oktaederbande (II) ab, so daß I immer flacher und das Minimum zwischen I und II immer weniger ausgeprägt wird. Dies ist wahrscheinlich durch eine zunehmende Verdrängung der Cu^{2+} aus den Tetraeder- in die Oktaederlücken mit zunehmendem y bedingt.
2. Die in Bande II nur angedeutete Schulter tritt immer stärker hervor.
3. Die Maxima I und II verschieben sich in Richtung UV, während im Hinblick auf die mit y zunehmende Gitterweitung eine IR-Verschiebung zu erwarten war. Es handelt sich hier um das gleiche nicht vorauszusehende Phänomen, wie wir es bei der Aufweitung des Gitters von $Cu_xZn_{1-x}Al_2O_4$ durch Austausch von Zn^{2+} gegen Cd^{2+} kennengelernt haben (vgl. Abschnitt 5a, *β*).

Tab. 13 Sinterdauer, Sintertemperatur, Farbe und Gitterkonstanten im System $Cu_xMg_{1-x}Cd_yZn_{1-y}TiO_4$

x	y	Sinterdauer Stdn.	Temperatur °C	Farbe	Gitterkonstante (Å) (± 0,004 Å)
0	0	45	800		
		+ 136	1050	weiß	8,440
0,05	0	3	820		
		+ 90	1070		
		+ 180	750	bräunlich weiß	8,442
0,1	0	24	940		
		+ 35	1000	hellbraun	8,442
0,3	0	35	1000		
		+ 83	1070		
		+ 40	1070	braun	8,442
0,5	0	20	800		
		+ 40	900		
		+ 60	950		
		+ 194	900	dunkelbraun	8,439
0	0,2	20	800		
		+ 64	900		
		+ 46	970	weiß	8,488
0,1	0,2	20	800		
		+ 40	950		
		+ 64	880		
		+ 43	910	hellbraun	8,486
0,3	0,2	20	800		
		+ 40	900		
		+ 64	880	braun	8,492
0,5	0,2	20	800		
		+ 40	950		
		+ 72	880		
		+ 43	910	dunkelbraun	8,497
0	0,4	20	800		
		+ 73	900		
		+ 228	900	weiß	8,545
0,3	0,4	20	800		
		+ 49	900		
		+ 113	880	dunkelgelb	8,548
0,5	0,4	20	800		
		+ 49	900		
		+ 113	880	gelbbraun	8,549
0	0,6	20	800		
		+ 300	900		
		+ 40	960		
		+ 142	850	weiß	8,595
0,1	0,6	20	800		
		+ 40	900		
		+ 215	880	blaßgelb	8,594
0,3	0,6	20	800		
		+ 40	900		
		+ 60	880		
		+ 43	910	braun	8,602
0,5	0,6	20	800		
		+ 40	900		
		+ 69	880	dunkelbraun	8,605

4. Das Maximum III$_2$ der Elektronenübergangsbande wandert im Gegensatz zu den Kristallfeldbanden in Richtung IR, ebenso wie die als Schulter hervortretende Bande III$_1$ (Tab. 14).

Auch die Erhöhung der Cu-Konzentration bei konstantem y bewirkt geringfügige UV-Verschiebung der Maxima I und II, und eine IR-Verschiebung der Elektronenübergangsbanden III$_1$ und III$_2$ (Abb. 25, 26).

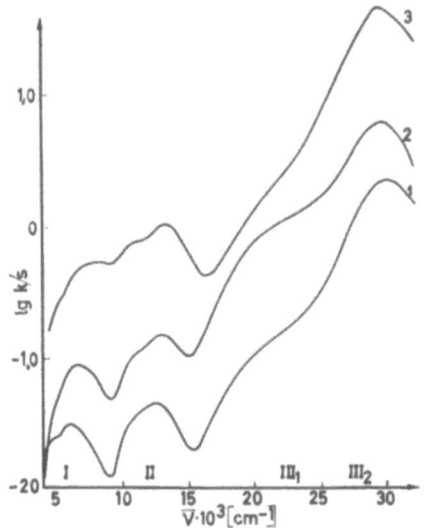

Abb. 24 Charakteristische Farbkurven von $Cu_{0,1}Mg_{0,9}Cd_yZn_{1-y}TiO_4$.
1. $y = 0$ (um 0,2 log-Einheiten gegenüber 2. nach unten verschoben); 2. $y = 0,2$; 3. $y = 0,6$ (um 0,6 log-Einheiten gegenüber 2. nach oben verschoben).

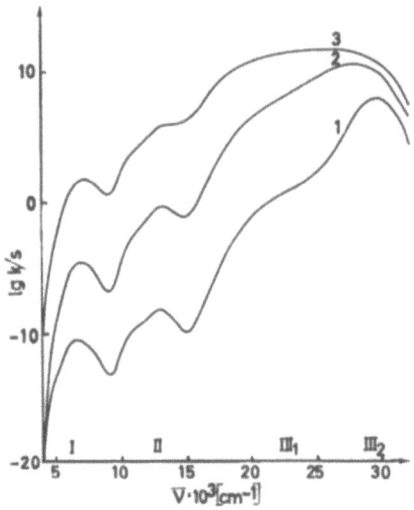

Abb. 25 Charakteristische Farbkurven von $Cu_xMg_{1-x}Cd_yZn_{1-y}TiO_4$.
1. $x = 0,1$, $y = 0,2$; 2. $x = 0,3$, $y = 0,2$ (um 0,3 log-Einheiten gegenüber 1. nach oben verschoben); 3. $x = 0,5$, $y = 0,2$ (um 0,4 log-Einheiten gegenüber 1. nach oben verschoben).

Tab. 14 *Lage und Intensität der Banden im System* $Cu_xMg_{1-x}Cd_yZn_{1-y}TiO_4$

x	y	I Schulter cm^{-1}	I Intensität lg k/s	I Maximum cm^{-1}	I Intensität lg k/s	II Schulter cm^{-1}	II Intensität lg k/s	II Maximum cm^{-1}	II Intensität lg k/s	III$_1$ Schulter cm^{-1}	III$_1$ Intensität lg k/s	III$_2$ Maximum cm^{-1}	III$_2$ Intensität lg k/s
0,05	0	≈ 5000	−1,80	6000	−1,62			12 500	−1,46	≈ 22 000	−0,90	30 500	+0,39
0,1	0	≈ 5000	−1,41	6000	−1,31			12 600	−1,14	≈ 21 500	−0,65	30 000	+0,55
0,3	0			6200	−0,59			12 900	−0,27	≈ 23 000	+0,66	28 000	+0,93
0,5	0			6600	−0,33	≈ 11 500	−0,37	≈ 13 400 S	+0,14			25 500	+0,80
0,1	0,2	≈ 5000	−1,35	6600	−1,05	≈ 11 000	−0,96	13 000	−0,81	≈ 23 000	+0,09	29 500	+0,79
0,3	0,2			6900	−0,75	≈ 11 500	−0,48	13 100	−0,33			28 000	+0,75
0,5	0,2			7300	−0,21	11 500	+0,05	≈ 14 000 S	+0,20			26 000	+0,77
0,3	0,4			7700	−0,77	≈ 11 500	−0,53	13 300	−0,39	≈ 22 000	+0,12	28 000	+0,75
0,5	0,4			7900	−0,67	≈ 11 500	−0,37	13 300	−0,22			26 700	+0,77
0,1	0,6	≈ 5500	−1,62	8400	−1,36	≈ 11 300	−1,20	13 200	−1,08	≈ 22 000	−0,72	29 000	+0,55
0,3	0,6			8500	−0,62	≈ 11 500	−0,37	13 800	−0,22			26 500	+0,70
0,5	0,6			8500	−0,72	≈ 11 500	−0,39	13 700	−0,22			25 700	+0,68

S = Schulter

Tab. 15 *Lage und Intensität der Banden im System* $Cu_xZn_{1-x}MgTiO_4$

x	I Schulter cm^{-1}	I Intensität lg k/s	I Maximum cm^{-1}	I Intensität lg k/s	II Lage cm^{-1}	II Intensität lg k/s	III$_1$ Lage cm^{-1}	III$_1$ Intensität lg k/s	III$_2$ Lage cm^{-1}	III$_2$ Intensität lg k/s
0,1	≈ 5000	−1,38	6000	−1,25	≈ 11 000 S	−1,22	≈ 22 500 S	−0,35	30 000	+0,62
					12 600	−1,11				
0,3	≈ 5000	−1,00	6500	−0,64	≈ 11 500 S	−0,40			24 500	+0,90
0,5	≈ 5000	−0,20	6900	+0,21	≈ 13 500 S	−0,21			23 000	+1,04

S = Schulter

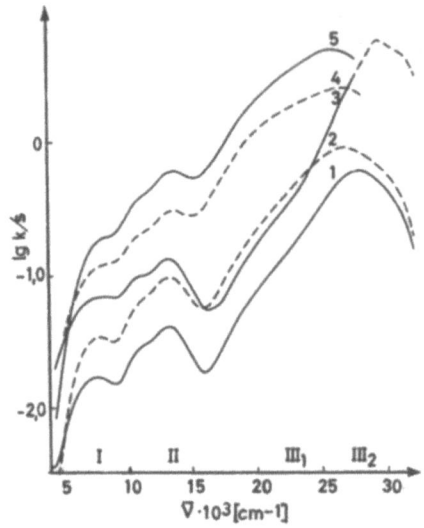

Abb. 26 Charakteristische Farbkurven von $Cu_xMg_{1-x}Cd_yZn_{1-y}TiO_4$.
1. $x = 0,3$, $y = 0,4$ (um 1,0 log-Einheiten gegenüber 5. nach unten verschoben);
2. $x = 0,5$, $y = 0,4$ (um 0,8 log-Einheiten gegenüber 5. nach unten verschoben);
3. $x = 0,1$, $y = 0,6$ (um 0,2 log-Einheiten gegenüber 5. nach unten verschoben);
4. $x = 0,3$, $y = 0,6$ (um 0,3 log-Einheiten gegenüber 5. nach unten verschoben);
5. $x = 0,5$, $y = 0,6$.

γ) *Blockierung der Tetraederlücken vor dem isomorphen Einbau von* Cu^{2+}

Um die Tetraederlücken zu blockieren wurde im Mg_2TiO_4 die Hälfte der Mg^{2+} durch Zn^{2+} ersetzt. Infolge der gegenüber Mg^{2+} ausgeprägteren Neigung des Zn^{2+} zur tetraedrischen Koordination werden in dem Spinell die Tetraederlücken von Zn^{2+} und die Oktaederlücken von Mg^{2+} und Ti^{4+} besetzt sein: $[Zn]^4[MgTi]^6O_4$. Es war nun die Frage, ob beim partiellen Austausch von Mg^{2+} gegen Cu^{2+} letzteres ausschließlich in den Oktaederlücken verbleibt. Andererseits war zu erwarten, daß bei der partiellen Substitution von Zn^{2+} durch Cu^{2+} dieses zu einem relativ großen Anteil die tetraedrische Koordination beibehalten würde.

Isomorpher Einbau von Cu^{2+} *an Stelle von* Mg^{2+}

Die Farbkurven (Abb. 27) der Mischkristalle $Cu_xMg_{1-x}ZnTiO_4$ (A) gleichen, was die Kristallfeldbanden anbelangt, denjenigen (Abb. 21) von $Cu_xMg_{2-x}TiO_4$ (B). Tatsächlich tritt in den Farbkurven von A die Tetraederbande deutlich hervor, so daß kein Zweifel darüber besteht, daß sich Cu^{2+} über Oktaeder- und Tetraederlücken verteilt: $[Cu_yZn_{1-y}]^4[Cu_{x-y}Zn_yMg_{1-x}Ti]^6O_4$. Jedoch ergibt ein Intensitätsvergleich, daß die Konzentration von $[Cu^{2+}]^4$ in A geringer ist als in B. Andererseits ist die Konzentration von $[Cu^{2+}]^6$ in A relativ hoch, so daß auch bei hohen Cu-Gehalten ($x = 0,3$) die Oktaederbande (II) als freistehendes Maximum in Erscheinung tritt, während in der Farbkurve von B bereits bei $x = 0,2$ die Oktaederbande nur noch als Schulter zu erkennen ist. Wir können also sagen, daß durch den isomorphen Ersatz von 1 Mg^{2+} durch Zn^{2+} in B die Blockierung der *Tetraeder*lücken gegenüber Cu^{2+} nicht vollkommen ist, daß aber doch ein wesentlicher Anteil des Cu^{2+} in die *Oktaeder*lücken gedrängt wird.
Die Elektronenübergangsbanden von A haben eine andere Gestalt als die von B. Während sie in den Farbkurven von B kein ausgeprägtes Maximum zeigen, besitzen sie in demjenigen von A ein mehr oder weniger scharfes Maximum (III_2) und weisen in dem nach UV aufsteigenden Ast eine deutliche Schulter (III_1) auf, die in der Farbkurve von B fehlt.

Isomorpher Einbau von Cu^{2+} an Stelle von Zn^{2+}

Baut man in dem Spinell $ZnMgTiO_4$ das Cu^{2+} nicht an Stelle des Mg^{2+}, sondern an Stelle des Zn^{2+} isomorph ein ($Cu_xZn_{1-x}MgTiO_4$), so ist bei $x = 0{,}3$ die Oktaederbande nur noch als Schulter im aufsteigenden Ast der Elektronenübergangsbande zu erkennen, während sie im Spektrum von $Cu_xMg_{1-x}ZnTiO_4$ bei der gleichen Cu-Konzentration noch freistehend in Erscheinung tritt (vgl. Abb. 28 und 27, Tab. 14, 15). Man kann daraus schließen, daß bei der Substitution des Zn^{2+} die Konzentration des oktaedrisch koordinierten Cu^{2+} geringer ist als bei der Substitution von Mg^{2+} durch Cu^{2+}, was auch den Erwar-

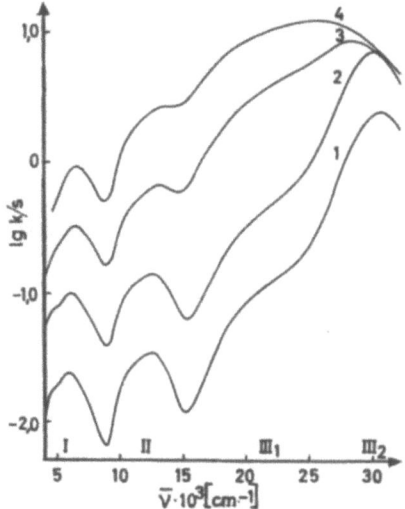

Abb. 27 Charakteristische Farbkurven von $Cu_xMg_{1-x}ZnTiO_4$.
1. $x = 0{,}05$; 2. $x = 0{,}1$ (um 0,3 log-Einheiten gegenüber 1. nach oben verschoben); 3. $x = 0{,}3$ (um 0,1 log-Einheiten gegenüber 1. nach oben verschoben); 4. $x = 0{,}5$ (um 0,3 log-Einheiten gegenüber 1. nach oben verschoben).

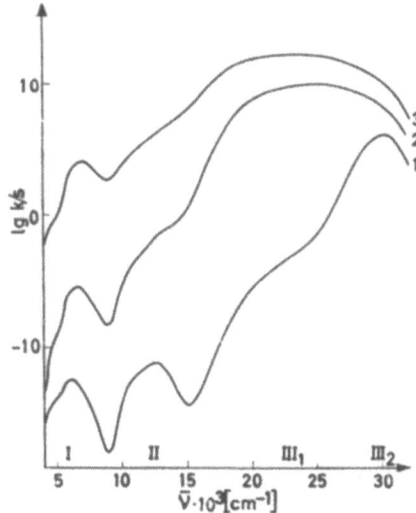

Abb. 28 Charakteristische Farbkurven von $Cu_xZn_{1-x}MgTiO_4$.
1. $x = 0{,}1$; 2. $x = 0{,}3$ (um 0,1 log-Einheiten gegenüber 1. nach oben verschoben); 3. $x = 0{,}5$ (um 0,2 log-Einheiten gegenüber 1. nach oben verschoben).

tungen (s. oben) entspricht. Setzt man die Cu-Konzentration herab, so tritt die Oktaederbande wieder als freistehendes Maximum in Erscheinung, infolge der Schwächung der Elektronenübergangsbande (Abb. 28).

Mit steigendem Cu-Gehalt ändert sich die Gitterkonstante im Bereich $x = 0$ bis $x = 0{,}3$ praktisch nicht und nimmt dann ($x = 0{,}5$) geringfügig zu (Tab. 16).

Tab. 16 Sinterdauer, Sintertemperatur, Farbe und Gitterkonstanten im System $Cu_xZn_{1-x}MgTiO_4$

x	Sinterdauer Stdn.	Temperatur °C	Farbe	Gitterkonstante (Å) (± 0,004 Å)
0	45	800		
	+ 136	1050	weiß	8,440
0,1	22	800		
	+ 40	950		
	+ 60	950	hellbraun	8,439
0,3	21	1020		
	+ 76	1060		
	+ 23	990		
	+ 84 + 84	750	braun	8,437
0,5	20	800		
	+ 42 + 60	950		
	+ 31	880		
	+ 23 + 51	1070	dunkelbraun	8,446

6. Lichtabsorption des hexakoordinierten Cu^{2+} in einem quarternären Oxid mit Schichtenstruktur

Ersetzt man in dem Spinell $CuAl_2O_4$ die Hälfte des Al^{3+} durch In^{3+}, so resultiert eine Phase, die keine Spinellstruktur besitzt [29]. Das Debyeogramm läßt sich hexagonal indizieren mit den Gitterkonstanten $a = 3{,}312$ und $c = 24{,}34$ Å. Wahrscheinlich handelt es sich um ein hexagonales Schichtengitter mit der Schichtenfolge OAlOCuOInO OAlOCuOInO usw. Die Struktur ist dem $CdCl_2$-Gitter verwandt mit sechszähligen Kationen. Auch die optischen Eigenschaften sprechen für die Koordinationszahl 6 des Cu^{2+} (siehe weiter unten).

Einkristalle der Verbindung lassen sich aus einem stöchiometrischen Gemisch von CuO, Al_2O_3 und In_2O_3 (insgesamt 4 g) in einer Schmelze von PbF_2 und PbO (je 13 g) beim Erhitzen auf 1000°C und langsamem Abkühlen innerhalb von 24 Stunden auf 800°C erhalten. Das PbF_2 und PbO kann durch Behandeln mit wäßrig ammoniakalischer Weinsäure herausgelöst werden.

a) Spektralphotometrische Untersuchung

Die Farbkurve von $CuAlInO_4$ (I) (Abb. 29, Kurve 1) zeigt eine breite Bande mit zwei Teilmaxima bei 10000 bzw. 11800 cm^{-1}, deren Schwerpunkt sich bei 11100 cm^{-1} befindet. (Tab. 18). Im gleichen Bereich (12000 cm^{-1}) liegt die Hauptabsorptionsbande des Mischkristalles $Cu_{0,1}Mg_{0,9}O$ (II) (Abb. 29, Kurve 3), (Tab. 2). Hieraus kann man schließen, daß sich in $CuAlInO_4$ das Cu^{2+} in oktaedrischer Koordination befindet. Während in der Hauptabsorptionsbande des Mischkristalles II mit regulär oktaedrisch koordiniertem Cu^{2+} eine Aufspaltung nur durch eine Unsymmetrie der Bande angedeutet ist, zeigt die entsprechende Bande der Farbkurve von I (Abb. 29) eine deutliche Aufspaltung. Andererseits fehlt in letzterer Farbkurve die erste Bande im Bereich von 5800 cm^{-1}, wie sie im Spektrum von II vorhanden ist. Die Existenz von nur 2 Maxima in der Farbkurve von I würde mit einer hexagonalen Feldsymmetrie entsprechend der hexagonalen Elementarzelle von I und dem zugeordneten Termschema Abb. 30 im Einklang stehen.

Die optisch positiven, einachsigen Kristalle von $CuAlInO_4$ zeigen ausgesprochenen Pleochroismus derart, daß der austretende ordentliche Strahl (elektrischer Vektor $\perp c$) grün und der außerordentliche Strahl (elektrischer Vektor $\parallel c$) gelb erscheint.

Tab. 17 *Auswahlregeln für Elektronenübergänge im Felde C_{6v}*

C_{6v}	A_1	A_2	E
A_1	$\parallel$		$\perp$
A_2		$\parallel$	$\perp$
E	$\perp$	$\perp$	$\perp \parallel$

$\parallel$ = elektrischer Vektor des in den Kristall eintretenden Lichtstrahles parallel zu c (außerordentlicher Strahl)

$\perp$ = entsprechend senkrecht zu c (ordentlicher Strahl)

Wie aus Abb. 30 ersichtlich, entsprechen die drei Spaltterme den irreduziblen Darstellungen E, E und A_2. Gruppentheoretische Betrachtungen führen zu bestimmten Auswahlregeln für die optischen Übergänge in Abhängigkeit von der Schwingungsrichtung des in den betreffenden

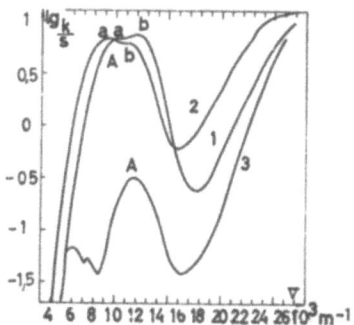

Abb. 29 Charakteristische Farbkurven des Cu^{2+} in $CuAlO_4$ (1), $CuGaInO_4$ (2) und $Cu_{0,1}Mg_{0,9}O$ (3).

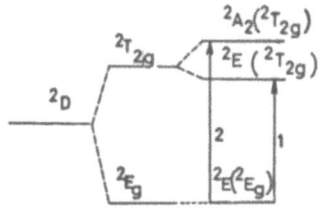

Abb. 30 Aufspaltung des ^2D-Termes des Cu^{2+} in Kristallfeldern der Symmetrie O_h und C_{6v}.

Kristall eintretenden polarisierten Lichtstrahles relativ zu einer ausgezeichneten kristallographischen Achse. Für die Symmetriegruppe C_{6v} erhält man Tab. 17, aus der sich die erlaubten Übergänge ergeben. Man ersieht, daß der Übergang 1 ($^2E_g \rightarrow {}^2E_g(^2T_{2g})$) sowohl für den ordentlichen ($\perp c$) als auch für den außerordentlichen Lichtstrahl ($\|c$) erlaubt ist. Dagegen ist der Übergang 2 ($^2E_g \rightarrow {}^2A_{2g}(^2T_{2g})$) nur für den ordentlichen Lichtstrahl möglich. Wenn sich die visuelle Farbe beim Wechsel der Polarisationsrichtung $\perp \rightarrow \|$ relativ zur kristallographischen c-Achse von grün nach gelb ändert, so wird dies durch eine Verschiebung des Absorptionsminimums in Richtung IR bedingt [30]. Diese Verschiebung wird dadurch bewirkt, daß bei Beobachtung des ordentlichen Strahles ($\perp c$) beide Teilmaxima, aber bei Beobachtung des außerordentlichen Strahles ($\|c$) nur das langwelligere, dem Übergang 1 entsprechende Maximum infolge der soeben angeführten Auswahlregeln in Erscheinung tritt.

Aus der Termaufspaltung und der Art des Pleochroismus ergibt sich die Schlußfolgerung, daß das im Grundzustand mit zwei Elektronen besetzte dz^2-Orbital (in Richtung der hexagonalen c-Achse) bei hexagonaler Quantisierung gegenüber den beiden anderen nicht bindenden d-Orbitalen stabilisiert ist. Dies steht mit der Vorstellung im Einklang, daß das Koordinationsoktaeder in Richtung der hexagonalen Achse gestaucht ist. Die durch Spinbahnkopplung mögliche Aufspaltung liegt in der Größenordnung von 500 cm^{-1} und wurde nicht berücksichtigt, da sie bei Zimmertemperatur hier nicht gefunden wurde.

b) Effekt einer Gitteraufweitung auf die Lichtabsorption des Cu^{2+} im Gitter vom Typus des $CuAlInO_4$

Im $CuAlInO_4$ läßt sich Al^{3+} durch Ga^{3+} ohne Änderung der Kristallstruktur ersetzen. Hierbei nehmen die Gitterkonstanten a bzw. c um 1,33 bzw. 1,97% zu (Tab. 18).

Tab. 18

	Gitterkonstanten Å		Bandenmaxima cm^{-1}	
	a	c	a	b
$CuAlInO_4$	3,312	24,34	10 000	11 900
$CuGaInO_4$	3,355	24,82	9 200	11 300

Die durch den Austausch von Al^{3+} gegen Ga^{3+} bewirkte Gitteraufweitung hat eine IR-Verschiebung beider Maxima um 800 bzw. 600 cm^{-1} zur Folge (Abb. 29, Tab. 18). Hieraus ergibt sich, daß bei der Vergrößerung der Sauerstoff-Schichtabstände OAlO $\rightarrow$ OGaO bei der Substitution von Al^{3+} durch Ga^{3+} auch die CuO_6-Oktaeder der mit Cu^{2+} besetzten Schichten aufgeweitet werden. Im Gegensatz hierzu bewirkt die gleiche Substitution in der analogen Co-Verbindung ($CoAlInO_4 \rightarrow CoGaInO_4$) keine Aufweitung der CoO_6-Oktaeder.

7. Die Lichtabsorption des Cu^{2+} im Kupferindiumoxid $Cu_2In_2O_5$

Während MgO, CoO und NiO mit Indiumoxid (In_2O_3) Spinelle $M^{II}In_2O_4$ geben, resultiert beim Sintern von CuO mit In_2O_3 eine ganz andersartige Phase der Zusammensetzung $Cu_2In_2O_5$ [31], deren Struktur von KASPER und BERGERHOFF [32] aufgeklärt werden konnte. In diesem ternären Oxid besitzt Cu^{2+} die Koordinationszahl 4 + 1 + 1 entsprechend einem stark verzerrten Koordinationsoktaeder.

Für die Gewinnung der reinen Verbindung ist es wesentlich, daß nicht über 1000°C beim Sintern des Oxidgemisches erhitzt wird, da sonst O_2-Abspaltung und Ausscheidung von Cu_2O erfolgt. Einkristalle bis zu 0,5 mm Länge konnten durch Schmelzen des stöchiometrischen Oxidgemisches oder der Verbindung selbst mit KF und langsamem Abkühlen gewonnen werden. Die intensiv grünen säulenförmigen Kristalle sind zum großen Teil miteinander verwachsen und zeigen ausgesprochene Zwillingsbildung. Das Debyeogramm läßt sich o-rhombisch indizieren (Tab. 19) mit den Gitterkonstanten $a' = 24,62$, $b' = 10,53_7$, $c' = 3,28_0$ Å. Wie Weißenbergaufnahmen zeigten, ist die Elementarzelle aber monoklin. Sie enthält 8 Formeleinheiten $Cu_2In_2O_5$.

Die charakteristische Farbkurve (Abb. 31) zeichnet sich durch eine intensive Bande (I) aus mit einem Maximum bei 14 300 cm^{-1}. Eine zweite breite Bande (II) befindet sich im nahen UV im Bereich von 27 000 cm^{-1}. Die Gestalt der Bande I entspricht keiner idealen Glockenkurve, und es ist anzunehmen, daß noch mindestens zwei weitere Teilbanden im Bereich von 12 000 bis 13 000 cm^{-1} und im Bereich von 15 500 bis 16 600 cm^{-1} vorhanden sind. Bande II dürfte eine Elektronenübergangsbande sein. Die Frage nach der Art des dem Cu^{2+} zugeordneten Koordinationspolyeders kann auf Grund des Spektrums dahingehend beantwortet werden, daß die Lage der Bande mit einer Hexakoordination des Cu^{2+} im Einklang steht, wie z. B. aus einem Vergleich mit dem Spektrum des Spinelles $CuGa_2O_4$ (Abb. 19) hervorgeht. Hierin ist sowohl die Bande des tetraedrisch als auch des oktaedrisch koordinierten Cu^{2+} zu erkennen (6300 bzw. 12 500 cm^{-1}); Bande I der Indiumverbindung erscheint gegenüber der Oktaederbande des Kupfer-Galliumspinells um rund 2000 cm^{-1} in Richtung UV verschoben, womit eine tetraedrische Koordination des Cu^{2+} in $Cu_2In_2O_5$ mit Sicherheit ausgeschlossen werden

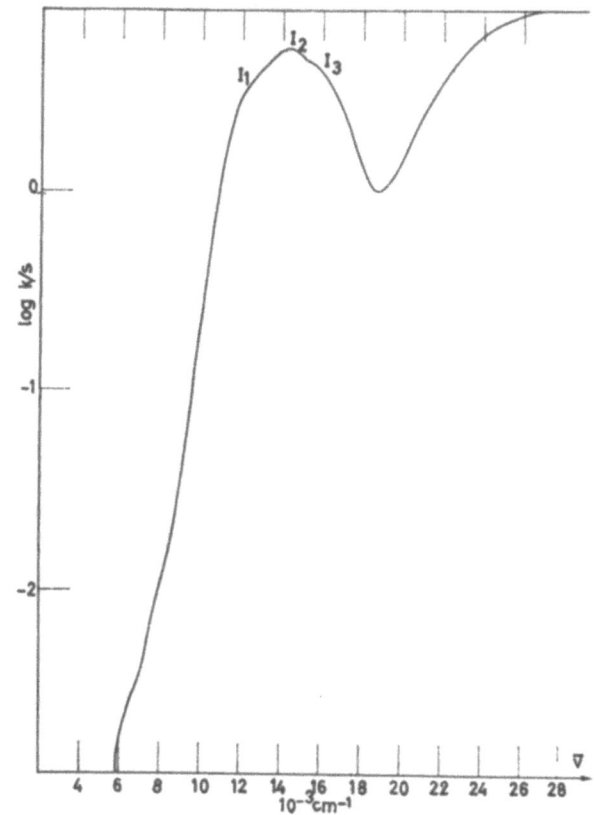

Abb. 31 Charakteristische Farbkurve von $Cu_2In_2O_5$.

Tab. 19 Cu$_2$In$_2$O$_5$-*Reflexe der Pulveraufnahme**
Orthorhombische Indizierung
Gitterkonstanten: $a' = 24,62$, $b' = 10,537$, $c' = 3,280$ Å

d	h'k'l'	I	1/d²	1/d² ber.	d	h'k'l'	I	1/d²	1/d² ber.
4,8389	220	4	0,0427	0,0426	1,4850	14.2.1	40	0,4535	0,4524
4,0002	420	12	0,0625	0,0624	1,4754	16.2.0	8	0,4594	0,4584
3,2320	420	24	0,0957	0,0954	1,4614	14.4.0	12	0,4682	0,4675
3,0686	800	12	0,1062	0,1056	1,4480	661	12	0,4769	0,4767
2,7830	021	16	0,1291	0,1290	1,4297	10.6.0	4	0,4892	0,4893
2,7134	221	100	0,1359	0,1356	1,3947	822	36	0,5141	0,5136
2,6524	820	80	0,1422	0,1416	1,3918	042	16	0,5162	0,5161
2,6332	040	20	0,1442	0,1441	1,3825	861	40	0,5232	0,5229
2,5760	240	12	0,1507	0,1507	1,3347	14.4.1	12	0,5613	0,5605
2,5590	601	36	0,1527	0,1524		12.6.0			0,5619
2,3015	621	8	0,1888	0,1884	1,3318	16.4.0	4	0,5638	0,5665
	331			0,1889	1,3247	18.2.0	4	0,5699	0,5706
2,2264	10.2.0	8	0,2017	0,2010	1,3202	10.2.2	4	0,5737	0,5730
2,0632	821	4	0,2349	0,2346	1,3094	280	24	0,5832	0,5831
2,0480	12.0.0	12	0,2384	0,2376	1,3074	932	4	0,5850	0,5867
1,9661	10.0.1	12	0,2587	0,2580	1,2879	480	8	0,6029	0,6029
1,9475	441	40	0,2636	0,2635	1,2801	12.0.2	12	0,6103	0,6096
1,9091	12.2.0	16	0,2744	0,2736	1,2616	18.0.1	4	0,6283	0,6276
1,8354	641	40	0,2969	0,2965	1,2419	14.6.0	8	0,6484	0,6477
1,7977	10.4.0	4	0,3094	0,3094	1,2351	12.6.1	12	0,6555	0,6549
1,7080	841	32	0,3428	0,3427	1,2302	20.0.0	20	0,6608	0,6600
1,6665	14.2.0	4	0,3601	0,3594	1,2115	10.4.2	20	0,6813	0,6811
1,6492	12.2.1	4	0,3677	0,3666		880			0,6821
1,6408	002	16	0,3714	0,3720	1,1988	481	24	0,6589	0,6959
1,6139	112	24	0,3839	0,3826		20.2.0			0,6960
	660			0,3836	1,1614	10.8.0	32	0,7414	0,7415
1,5481	061	32	0,4173	0,4173	1,1503	662	40	0,7557	0,7557
1,5376	16.0.0	12	0,4230	0,4224					
1,5232	860	12	0,4310	0,4299					
1,5129	422	12	0,4369	0,4344					
1,4989	461	4	0,4451	0,4436					

* Gefilterte Cr-Strahlung

kann. Das Vorhandensein von drei Banden (I$_1$, I$_2$ und I$_3$, Abb. 31) in der Farbkurve weist auf eine Unsymmetrie (höchstens tetragonale Punktsymmetrie am Ort der Cu^{2+}) bzw. auf eine Verzerrung der CuO$_6$-Oktaeder hin, was durch das Ergebnis der röntgenographischen Untersuchung bestätigt wurde [32].

Spektralphotometrische Verfolgung der Verbindungsbildung

Da die Lichtabsorption der Ausgangsoxide CuO und In$_2$O$_3$ eine andere ist als die der Verbindung Cu$_2$In$_2$O$_5$, läßt sich die Reaktion beim Erhitzen eines Gemenges von CuCO$_3$ und In$_2$O$_3$ oder von Cu(NO$_3$)$_2 \cdot aq$ und In(NO$_3$)$_3 \cdot aq$ spektralphotometrisch verfolgen. Aus dem Erscheinen der charakteristischen Bande I des Cu$_2$In$_2$O$_5$ läßt sich schließen, daß die Bildung der Verbindung bei etwa 600°C einsetzt. Eine praktisch vollständige Umsetzung wurde bei 950°C innerhalb von 36 Stunden erzielt.

8. Die Lichtabsorption des Cu^{2+} in anderen ternären Oxiden vom Typus des Kupferindiumoxids $Cu_2In_2O_5$

Eine Reihe von Oxiden R_2O_3 der 3a-Gruppe des Periodensystems (Sc, Y), ferner der Lanthaniden (Tb–Lu) und auch des Thalliums(III) kristallisieren im gleichen Gittertyp wie In_2O_3. Es bestand die Wahrscheinlichkeit, daß auch diese Oxide befähigt sind, Verbindungen mit CuO vom Typus $Cu_2R_2O_5$ einzugehen. Es ergab sich, daß tatsächlich folgende dem $Cu_2In_2O_5$ analogen Verbindungen existieren: $Cu_2Y_2O_5$, $Cu_2Tb_2O_5$, $Cu_2Dy_2O_5$, $Cu_2Er_2O_5$, $Cu_2Yb_2O_5$. Wahrscheinlich existieren auch die Verbindungen: $Cu_2Ho_2O_5$, $Cu_2Tm_2O_5$, $Cu_2Lu_2O_5$, $Cu_2Sc_2O_5$.
Anders als die soeben genannten Oxide R_2O_3 verhält sich Gd_2O_3 gegenüber dem CuO. Bei 780°C entsteht eine Verbindung der Zusammensetzung $CuGd_2O_4$, die schwarz ist und nach den Untersuchungen von Foex [33] die gleiche Struktur wie K_2NiF_4 hat. Wir prüften auch die Frage, ob in $Cu_2In_2O_5$ ein teilweiser Ersatz des Indiums durch ein Lanthanid möglich ist. Diese Frage ist zu bejahen, da es gelang, die Mischphase $CuInYbO_4$ durch Sintern des Oxidgemisches bei 1070°C darzustellen. In den Röntgenogrammen (*Guinier*-Aufnahmen) waren die Reflexe $h'k'0$ scharf, während die Reflexe $h'k'l'$ mit $l' \neq 0$ unscharf waren. Dies läßt darauf schließen, daß die Koordinaten der z'-Richtung stärkere Abweichungen von der mittleren Lage als die der x'- bzw. y'-Richtung hatten.
Die Pulveraufnahmen der Verbindungen $Cu_2R_2O_5$ ließen sich wie das Röntgenogramm von $Cu_2In_2O_5$ orthorhombisch indizieren. Es ergaben sich die in Tab. 20 aufgeführten Gitterkonstanten. Wie aus Abb. 32 hervorgeht, hat eine Vergrößerung des Radius von R^{3+} eine beträchtliche Abnahme der Achsenverhältnisse a'/c' und b'/c' zur Folge, da die kurze Achse c' relativ stark wächst. Ein derartiges Verhalten steht mit einer zunehmenden Verzerrung des CuO_6-Oktaeders im Einklang (vgl. den folgenden Abschnitt).

Spektralphotometrische Untersuchung

Betrachtet man die Farbkurven (Abb. 33), so erkennt man, daß mit zunehmendem Radius des dreiwertigen Ions eine Verstärkung der bereits erwähnten Aufspaltung der Bande I erfolgt (vgl. Tab. 20). Dies würde ebenfalls auf eine zunehmende Verzerrung des CuO_6-Oktaeders schließen lassen. Die Änderung der Farbkurven mit zunehmendem Radius von R^{3+} kommt auch in der Änderung der visuellen Farbe zum Ausdruck (Tab. 21). Unter dem Polarisationsmikroskop erweisen sich die Substanzen als doppelbrechend. $Cu_2Er_2O_5$ und $Cu_2Dy_2O_5$ zeigen deutlichen Pleochroismus (grün nach blau), was auf Grund der Farbkurve bereits zu erwarten war (Aufspaltung der Hauptabsorptionsbande). Auch die Farbkurven der anderen Substanzen deuten auf Pleochroismus hin, der jedoch schwächer ausgeprägt ist.

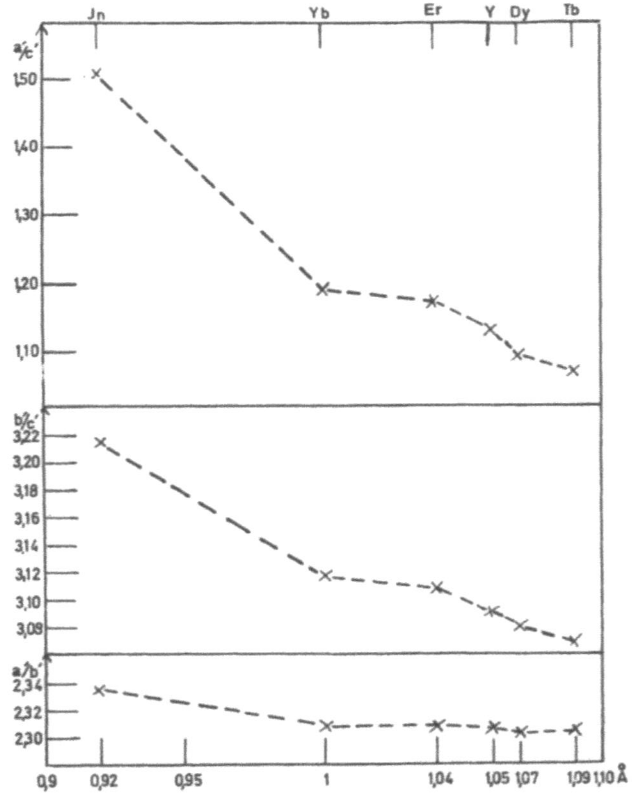

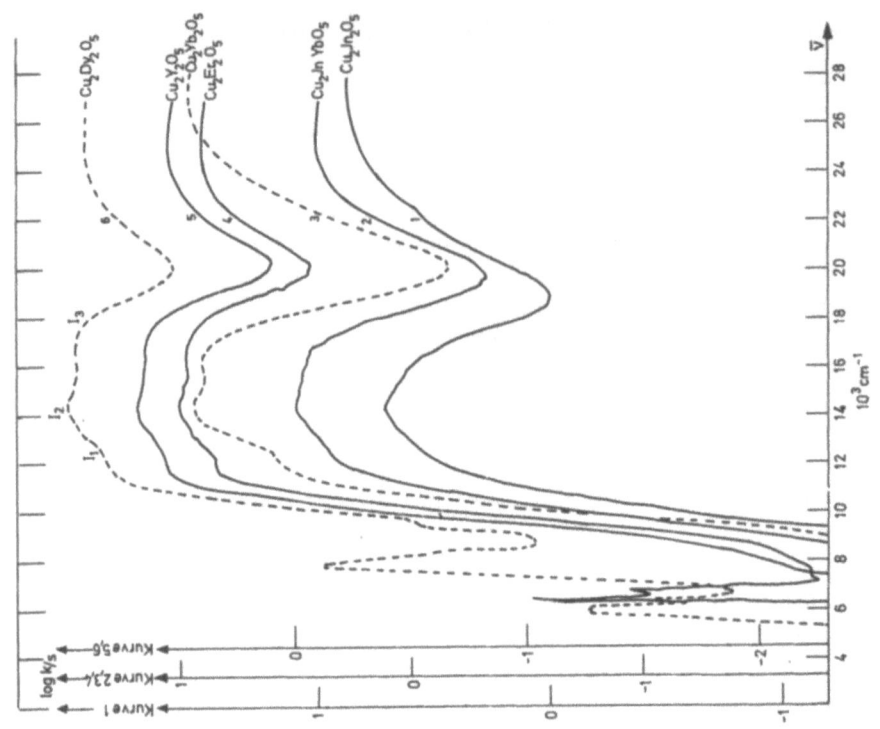

Abb. 33 Charakteristische Farbkurven.

Abb. 32 Verhältnis der Gitterkonstanten: a'/c', b'/c', a'/b', aufgetragen gegen den Ionenradius (nach Goldschmidt) von R in den Verbindungen $Cu_2R_2O_5$.

Tab. 20 *Gitterkonstanten (Å) und Bandenlagen (cm^{-1})*

	$Cu_2In_2O_5$	$Cu_2Yb_2O_5$	$Cu_2Er_2O_5$	$Cu_2Y_2O_5$	$Cu_2Dy_2O_5$	$Cu_2Tb_2O_5$
a'	24,62 ± 0,01	24,70 ± 0,01	24,88 ± 0,01	24,92 ± 0,01	24,97 ± 0,01	25,02 ± 0,02
b'	10,537 ± 0,005	10,702 ± 0,005	10,777 ± 0,005	10,801 ± 0,005	10,840 ± 0,005	10,855 ± 0,008
c'	3,280 ± 0,003	3,435 ± 0,003	3,469 ± 0,003	3,495 ± 0,003	3,521 ± 0,003	3,539 ± 0,005
Maximum I_2	14 300 cm^{-1}	14 300	14 300	14 300	14 400	
Teilmaximum I_1*	≈ 12000	≈ 12 000	≈ 11 700	≈ 11 500	≈ 11 500	
Teilmaximum I_3*	≈ 16 000	≈ 16 500	≈ 16 700	≈ 17 300	≈ 17 500	

* Diese Banden sind nur als Schulter angedeutet.

Tab. 21 *Visuelle Farbe der Verbindungen $Cu_2R_2O_5$*

R_2	In_2	InYb	Yb_2	Er_2	Y_2	Dy_2
Visuelle Farbe	smaragd-grün	grün	türkis-grün	bläulich-grün	blaugrün	

9. Zusammenfassung

Überblicken wir die gesamten Ergebnisse, so können wir folgendes sagen:
Während sich die Farbkurven der meisten in ein oxidisches Wirtsgitter isomorph eingebauten Übergangsmetallionen der ersten Reihe mit Hilfe eines *kubischen* Modells selbst dann beschreiben lassen, wenn seine Punktsymmetrie *nicht* exakt kubisch ist, fanden wir, daß dies beim Cu^{2+} nicht der Fall ist. Es treten, unabhängig von der Punktsymmetrie des durch Cu^{2+} substituierten Kations in den meisten Fällen 2 oder 3 Banden auf statt der einen, die bei kubischer Punktsymmetrie erwartet werden konnte. Selbst in der Farbkurve des Mischkristalles $Cu_xMg_{1-x}O$, in welchem das durch Cu^{2+} substituierte Mg^{2+} regulär oktaedrisch von 6 O^{2-} umgeben ist, sind zwei Hauptabsorptionsbanden vorhanden, in deren kurzwelligeren das Vorhandensein einer weiteren Bande durch eine Unsymmetrie angedeutet erscheint. Es ist anzunehmen, daß diese Aufspaltung der Terme des Cu^{2+} durch den JAHN-TELLER-Effekt bedingt ist. Die Spin–Bahn-Kopplung scheidet wegen des großen Abstandes der Banden als Erklärungsmöglichkeit aus. Auf dieser Grundlage findet auch die merkwürdige Tatsache eine Erklärung, daß in einigen Fällen (z. B. bei kupferhaltigen Spinellphasen und beim Übergang vom kupferhaltigen Magnesium-Ilmenit zum kupferhaltigen Cadmium-Ilmenit) eine Gitterweitung, etwa durch isomorphen Einbau größerer Kationen, *nicht* die erwartete IR-Verschiebung, sondern eine UV-Verschiebung bewirkt.
Für den kupferhaltigen Zink–Aluminium-Spinell gelang der Nachweis, daß Cu^{2+} sich über Oktaeder- und Tetraederlücken verteilt. Bei den übrigen Spinellphasen ist das Vorliegen von tetraedrisch koordiniertem Cu^{2+} zwar nicht in der gleichen Weise gesichert, die teilweise jedoch erheblichen Intensitäten der im energetischen Bereich der Tetraederbande liegenden Bande, lassen aber wohl auch hier den Schluß auf das Vorhandensein tetraedrisch koordinierten Cu^{2+} zu.
Von den meisten Substanzen wurden auch die ersten Elektronenübergangsbanden vermessen. Hier scheinen sich bereits einige Regeln anzudeuten, wie die IR-Verschiebung und Verbreiterung der Maxima mit steigendem Kupfergehalt der Substanzen, doch möchten wir beim gegenwärtigen Stand der Untersuchung aus den vorliegenden Meßdaten noch keine Schlüsse ziehen.

10. Experimentelle Angaben

Die Substanzen wurden teils aus Oxiden und Nitratlösungen [Silikate (SiO_2), Germanate (GeO_2)], teils aus Oxiden und Carbonaten hergestellt. Die Sintertemperaturen und -zeiten wurden bereits tabellarisch wiedergegeben. Waren flüchtige Oxide an der Umsetzung beteiligt, so wurden die zu Pillen gepreßten Substanzen in einer Atmosphäre dieser Oxide gesintert, indem in einen, mit einem Deckel verschlossenen Röhrentiegel neben die Tablette der Substanz eine solche aus dem betreffenden flüchtigen Oxid gelegt wurde. Bei cadmiumhaltigen Substanzen erwies es sich als schwierig, höhere Sintertemperaturen zu wählen, da dann die Tiegelmaterialien regelmäßig mit den Substanzen in Reaktion traten. Alle kupferhaltigen Substanzen wurden in einer Sauerstoffatmosphäre gesintert und nach dem Sintern an der Luft abgekühlt. Die Sinterung wurde nach Pulverisieren und erneutem Pressen mehrfach wiederholt.

Schwierigkeiten traten bei der Darstellung von $Cu_xMg_{2-x}TiO_4$ mit niedrigen Kupfergehalten ($x \leq 0{,}06$) auf.

Bis 1060°C bildeten sich aus den in der Kugelmühle naß vermahlenen Carbonaten und TiO_2 nur MgO und eine Ilmenitphase, wie an den Farbkurven und Debyeogrammen zu erkennen war. Die Spinellphase konnte zwar bei etwa 1300°C gewonnen werden, zerfiel aber beim Tempern (1000°C) wieder.

Diese Ergebnisse stimmen im wesentlichen mit den Beobachtungen von POIX [34] überein, der fand, daß Mg_2TiO_4 nur bei 1750°C darstellbar ist, und daß sich beim langsamen Abkühlen $MgTiO_3$ bildet. Es ist bemerkenswert, daß mit $x = 0{,}2$ die Spinellphase mühelos bei 1070°C synthetisiert werden konnte. Leider wurde die kupferfreie Spinellphase hier nur mit leicht brauner Farbe gewonnen, die wegen der erwähnten Instabilität durch Tempern nicht zu beseitigen war.

Die Prüfung der Substanzen auf Einheitlichkeit geschah in allen Fällen mindestens röntgenographisch, bei der Mehrzahl der Substanzen wurde auch das Polarisationsmikroskop und in einigen Fällen auch das Phasenkontrastmikroskop herangezogen. Die Remissionsspektren wurden mit Hilfe des Spektralphotometers PMQ II der Firma Zeiss mit Quarzoptik aufgenommen. Die Remissionswerte der kupferhaltigen Substanzen wurden auf die Remissionswerte der entsprechenden Wirtsgitter bezogen, soweit diese nicht selbst bei der Messung als Standard gedient hatten. Diese auf die Wirtsgitter bezogenen Remissionswerte R wurden dann mit Hilfe der *Kubelka*-Funktion $\log f(R) = \log \frac{(1-R)^2}{2R}$ in die sogenannte charakteristische Farbkurve übergeführt. Die zur Bestimmung der Gitterkonstanten benutzten Röntgenaufnahmen wurden nach der Methode von STRAUMANIS gewonnen und ausgewertet.

Unsere Arbeiten über das Problem »Farbe und Konstitution anorganischer Feststoffe« wurden von der Deutschen Forschungsgemeinschaft und dem Herrn Ministerpräsidenten des Landes Nordrhein-Westfalen (Landesamt für Forschung) gefördert, wofür wir auch an dieser Stelle unseren Dank aussprechen möchten.

Die in dem vorliegenden Bericht mitgeteilten Ergebnisse sind zum großen Teil in folgenden beiden Publikationen enthalten: SCHMITZ–DU MONT, O., und HERBERT FENDEL, »Die Lichtabsorption des zweiwertigen Kupfers im System $Cu_xMg_{1-x}O$ [Mh. Chem. **96**, 495 (1965)]; SCHMITZ–DU MONT, O., H. FENDEL, M. HASSANEIN und HELGA WEISSENFELD, »Die Lichtabsorption des zweiwertigen Kupfers in oxidischen Wirtsgittern« [Mh. Chem. **97**, 1660 (1966)]. Die in diesen Publikationen gebrachten Abbildungen wurden mit freundlicher Genehmigung des Springer-Verlags, Wien, in dem Bericht verwendet. In gleicher Weise wurden mit freundlicher Genehmigung des Verlages Johann Ambrosius Barth, Leipzig, Abbildungen aus den Publikationen 3 und 11 (siehe das Literaturverzeichnis) in diesem Bericht verwendet.

11. Literaturverzeichnis

[1] Papst, A., Acta Cryst. **12**, 733 (1959).
[2] Schmitz–Du Mont, O., und Horst Kasper, Z. anorg. allg. Chem. **341**, 253 (1965).
[3] Schmitz–Du Mont, O., und Horst Kasper, Mh. Chem. **96**, 506 (1965).
[4] R. Rigamonti, Atti accad. naz. Lincei, Classe sci. fis. mat. enat. **2**, 446 (1947).
[5] Chapple, F.H., und F. S. Stone, Proc. Brit. Ceramic Soc. **1964**, 45.
[6] Schmahl, N.G., J. Barthel und G. F. Eikerling, Z. anorg. allg. Chem. **332**, 230 (1964).
[7] Trojer, F., Radex Rundsch. **1958** (VII), 365.
[8] Reinen, D., Z. Naturf. **23a**, 521 (1968).
[9] Orton, J.W., P. Auzins, J.H.E. Griffiths und J.E. Wertz, Proc. Physic. Soc. **78**, 554 (1961).
[10] Reinen, D., Z. Naturf. **23a**, 521 (1968).
[10a] Low, W., und J.T. Suss, Physic. Letters **7**, 310 (1963).
[11] Schmitz–Du Mont, O., und Horst Kasper, Mh. Chem. **95**, 1433 (1964).
[12] Reinen, D., Theoret. Chim. Acta (Berlin) **5**, 312 (1966).
[13] Liebertz, J., und C.J.M. Rooymans, Z. phys. Chem. (Frankfurt) N.F. **44**, 247 (1965).
[14] Eine Schulter in der Farbkurve von B nur ganz schwach, in der des Germanats aber überhaupt nicht angedeutet.
[15] In der Publikation von Schmitz–Du Mont, O., Brokopf Hedwig und K. Burkhardt [Z. anorg. allgem. Chem. **295**, 7 (1958)] sind die Abstände im ZnO (Tab. 2, S. 10) nicht richtig wiedergegeben.
[16] Pappalardo, R., Mol. Spectroscop. **6**, 554 (1961).
[17] Pappalardo, R., und R.E. Dietz, Phys. Rev. **123**, 1188 (1961).
[18] Weakliem, H.A., J. Chem. Physics **36**, 2117 (1962).
[19] Fickeler, H., und W. Zukale, Naturw. **48**, 24 (1961).
[20] Aus Messungen der Elektronen-Spin-Resonanz am Cu(II)-Komplex des α, α'-Dibrom-dipyrro-methens (tetragonal verzerrtes Koordinationstetraeder) wird von C.A. Bates, W.S. Moore, K.J. Stanley und K.W.H. Stevens, Proc. Physic. Soc. [London] **79**, 73 (1962), geschlossen, daß sich bei 16000 cm^{-1} eine Kristallfeldbande befindet. Nach C.J. Ballhausen, »Introduction to Ligand Field Theory«, S. 272 (New York, 1962), ist die im Spektrum von Cs_2CuCl_4 vorhandene Bande bei 13000 cm^{-1} aber eine Elektronenübergangsbande.
[21] Ludi, A., und R. Giovanoli, Naturw. **54**, 88 (1967).
[22] Clark, Michael G., und Roger G. Burns, J. Chem. Soc. (A) 1967, 1034.
[23] Brown, B.W., und E.C. Lingafelter, Acta Cryst. **17**, 254 (1964).
[24] Baldwin, M.E., Spectrochim. Acta (London) **19**, 315 (1963).
[25] Schmalzried, H., Z. phys. Chem. (Frankfurt) N. F. **28**, 218 (1961); vgl. M. Huber, C. R. hebd. Séances Acad. Sci. **244**, 2524 (1957).
[26] Schmitz–Du Mont, O., Forschungsber. des Landes Nordrhein-Westfalen, Nr. 1389 (1964).
[27] Robbins, M., und P.K. Baltzer, J. Appl. Physics **36 II**, 1039 (1965).
[28] Reinen, D., und O. Schmitz–Du Mont, Z. anorg. allg. Chem. **312**, 121 (1961).
[29] Schmitz–Du Mont, O., und Horst Kasper, Z. anorg. allg. Chem. **341**, 252 (1965).
[30] Das bei 17700 cm^{-1} befindliche Minimum der Farbkurve (Abb. 30) entspricht einer gelbgrünen visuellen Farbe. Bereits eine IR-Verschiebung des Minimums um 500 cm^{-1} würde eine gelbe visuelle Farbe hervorbringen.
[31] Schmitz–Du Mont, O., und Horst Kasper, Mh. Chem. **96**, 506 (1965).
[32] Kasper, Horst, und G. Bergerhoff, Acta Cryst. **24 B**, 388 (1968).
[33] Foex, M., Bull. Soc. Chim. France **1961**, 109.
[34] Poix, P., Ann. Chim. **10**, 49 (1965).

Forschungsberichte des Landes Nordrhein-Westfalen

Herausgegeben im Auftrage des Ministerpräsidenten Heinz Kühn
von Staatssekretär Professor Dr. h. c. Dr. E. h. Leo Brandt

Sachgruppenverzeichnis

Acetylen · Schweißtechnik
Acetylene · Welding gracitice
Acétylène · Technique du soudage
Acetileno · Técnica de la soldadura
Ацетилен и техника сварки

Arbeitswissenschaft
Labor science
Science du travail
Trabajo científico
Вопросы трудового процесса

Bau · Steine · Erden
Constructure · Construction material ·
Soil research
Construction · Matériaux de construction ·
Recherche souterraine
La construcción · Materiales de construcción ·
Reconocimiento del suelo
Строительство и строительные материалы

Bergbau
Mining
Exploitation des mines
Minería
Горное дело

Biologie
Biology
Biologie
Biologia
Биология

Chemie
Chemistry
Chimie
Quimica
Химия

Druck · Farbe · Papier · Photographie
Printing · Color · Paper · Photography
Imprimerie · Couleur · Papier · Photographie
Artes gráficas · Color · Papel · Fotografía
Типография · Краски · Бумага · Фотография

Eisenverarbeitende Industrie
Metal working industry
Industrie du fer
Industria del hierro
Металлообрабатывающая промышленность

Elektrotechnik · Optik
Electrotechnology · Optics
Electrotechnique · Optique
Electrotécnica · Optica
Электротехника и оптика

Energiewirtschaft
Power economy
Energie
Energía
Энергетическое хозяйство

Fahrzeugbau · Gasmotoren
Vehicle construction · Engines
Construction de véhicules · Moteurs
Construcción de vehículos · Motores
Производство транспортных · Средств

Fertigung
Fabrication
Fabrication
Fabricación
Производство

Funktechnik · Astronomie
Radio engineering · Astronomy
Radiotechnique Astronomie
Radiotécnica · Astronomía
Радиотехника и астрономия

Gaswirtschaft Gas economy Gaz Gas Газовое хозяйство	**NE-Metalle** Non-ferrous metal Metal non ferreux Metal no ferroso Цветные металлы
Holzbearbeitung Wood working Travail du bois Trabajo de la madera Деревообработка	**Physik** Physics Physique Física Физика
Hüttenwesen · Werkstoffkunde Metallurgy · Materials research Métallurgie · Materiaux Metalurgia · Materiales Металлургия и материаловедение	**Rationalisierung** Rationalizing Rationalisation Racionalización Рационализация
Kunststoffe Plastics Plastiques Plásticos Пластмассы	**Schall · Ultraschall** Sound · Ultrasonics Son · Ultra-son Sonido · Ultrasónico Звук и ультразвук
Luftfahrt · Flugwissenschaft Aeronautics · Aviation Aéronautique · Aviation Aeronáutica · Aviación Авиация	**Schiffahrt** Navigation Navigation Navegación Судоходство
Luftreinhaltung Air-cleaning Purification de l'air Purificación del aire Очищение воздуха	**Textilforschung** Textile research Textiles Textil Вопросы текстильной промышленности
Maschinenbau Machinery Construction mécanique Construcción de máquinas Машиностроительство	**Turbinen** Turbines Turbines Turbinas Турбины
Mathematik Mathematics Mathématiques Mathemáticas Математика	**Verkehr** Traffic Trafic Tráfico Транспорт
Medizin · Pharmakologie Medicine · Pharmacology Médecine · Pharmacologie Medicina · Farmacología Медицина и фармакология	**Wirtschaftswissenschaften** Political economy Economie politique Ciencias económicas Экономические науки

Einzelverzeichnis der Sachgruppen bitte anfordern

Westdeutscher Verlag · Köln und Opladen

567 Opladen/Rhld., Ophovener Straße 1–3, Postfach 1620

MIX
Papier aus verantwortungsvollen Quellen
Paper from responsible sources
FSC® C105338

If you have any concerns about our products,
you can contact us on
ProductSafety@springernature.com

In case Publisher is established outside the EU,
the EU authorized representative is:
**Springer Nature Customer Service Center GmbH
Europaplatz 3, 69115 Heidelberg, Germany**

Printed by Libri Plureos GmbH
in Hamburg, Germany